例解 Python

Python编程快速入门
践行指南

张志刚◎著

电子工业出版社
Publishing House of Electronics Industry
北京·BEIJING

内 容 简 介

本书主要面向 Python 初级用户，本着能懂、够用的原则，循序渐进，逐步揭示 Python 编程的核心语法与编程思想。主要知识点包括 Python 编程环境的搭建与配置、常用的数据类型、判断和循环语句、异常处理、函数的使用、文件操作、面向对象编程的用法、数据库操作、正则表达式、并行处理等。

本书中包含丰富的代码案例，结合知识点进行讲解，力求做到让读者既掌握了语法，又学会了应用；另外，本书精讲编程思路。掌握 Python 语法并不难，初学者往往"看得懂别人的代码，但是自己写的时候又无从下手"，这是因为缺少编程思路，本书将带读者一起体验程序从构思到实现的过程。

本书作者具有多年教学经验，深知新手入门学习过程中的疑惑。本书将尽量为读者答疑解惑，既讲理论，又有实践和思路。同时，本书将使用通俗的语言和生活中的案例解释专业术语，保证读者能看懂，又不失专业性。

未经许可，不得以任何方式复制或抄袭本书之部分或全部内容。
版权所有，侵权必究。

图书在版编目（CIP）数据

例解 Python：Python 编程快速入门践行指南 / 张志刚著. —北京：电子工业出版社，2021.1
ISBN 978-7-121-40143-5

Ⅰ. ①例⋯ Ⅱ. ①张⋯ Ⅲ. ①软件工具－程序设计 Ⅳ. ①TP311.561

中国版本图书馆 CIP 数据核字（2020）第 242159 号

责任编辑：董　英
印　　刷：三河市君旺印务有限公司
装　　订：三河市君旺印务有限公司
出版发行：电子工业出版社
　　　　　北京市海淀区万寿路 173 信箱　　邮编：100036
开　　本：787×980　1/16　印张：18.75　字数：420 千字
版　　次：2021 年 1 月第 1 版
印　　次：2021 年 1 月第 1 次印刷
印　　数：4000 册　　定价：89.00 元

凡所购买电子工业出版社图书有缺损问题，请向购买书店调换。若书店售缺，请与本社发行部联系，联系及邮购电话：(010) 88254888，88258888。
质量投诉请发邮件至 zlts@phei.com.cn，盗版侵权举报请发邮件至 dbqq@phei.com.cn。
本书咨询联系方式：(010) 51260888-819，faq@phei.com.cn。

推荐语

很多年前，只有那些专业人士才会使用到计算机；然而今天，计算机已经出现在了各行各业的各个领域，无论是工作学习还是生活娱乐，都少不了计算机的参与。

并且，编写程序也已经不再是程序员的专利。很多人惊奇地发现，编写几行代码就可以把自己从原本烦琐枯燥的流程中解放出来。掌握了编程，就像打开了通往另外一个精彩世界的大门。

Python 语法简洁，关键字少，是新手入门非常理想的一门语言。但是这并不意味着 Python 只能做简单的工作。Python 是云计算、人工智能等前沿技术的核心工具，也广泛应用在数据分析、Web 开发、爬虫、自动化测试等领域。千人千面，Python 只有一面。掌握了 Python，你将受益无穷。

本书作者具有多年 Python 编程经验，同时负责 Python 教学工作。本书是作者多年教学工作的经验总结，直击读者的痛点问题，可引导读者顺利开启 Python 编程之旅。

达内集团 Python 人工智能、网络安全教研总监　周华飞

当今，我们正生活在一个技术日新月异的时代。技术的变革改变了我们的生活方式，电子支付、移动互联网、云计算、人工智能等技术为我们的生活带来了极大的便利。而作为 IT 从业者，学习、掌握这些核心技术也将是我们顺应时代变革的必然选择！

从诞生之日起，Python 就是科学计算和数据分析的重要工具，目前更是成为人工智能开发的不二选择，由此可见学习 Python 的重要性。张老师的这本《例解 Python》就是

带领大家打开 Python 编程之门的钥匙,书中的知识结构经过精心设计,从入门到高级应用,层层递进,每个知识点都配套了对应的练习案例,可以让读者学以致用。

学习编程最重要的就是掌握编程思维和进行大量的编程训练,本书也非常注重通过剖析案例来培养读者的编程思维,让读者通过大量的案例练习快速掌握 Python。

达内集团云计算教研总监　丁明一

随着信息时代的持续发展,IT 运维已经成为 IT 服务中重要的组成部分。面对越来越复杂的业务,越来越多样化的、不断扩展的 IT 应用,需要越来越合理的模式来保障 IT 服务灵活便捷、安全稳定地持续运行。

目前常见的运维自动化管理工具主要有 Puppet、SaltStack、Ansible 等,其中 SaltStack 和 Ansible 都基于 Python 开发。运维工具的重要性不用多说,越来越多的工具选择 Python 来开发,这种编程语言的受欢迎程度可见一斑。

Python 作为一种简单易学、功能强大的编程语言,2020 年 11 月在计算机语言热度排名中,已经跃居第二位,排在 C 后面。Python 在大多数平台上的各种应用中都是理想的脚本语言,像 Google、NASA、YouTube、Facebook、豆瓣、知乎、网易、百度等都在使用 Python 完成各种各样的任务。

本书作者有多年讲授和使用 Python 的实践经验,从基本的字符、列表、字典和数据类型,到进阶的面向对象、数据库和网络互联,本书均有涉及,是一本不可多得的入门经典书籍。同时,本书列举了大量的应用案例,可以帮助读者由浅入深地领悟 Python 的精髓。

正如资深系统管理员 Aeleen Frisch 第一次使用 Python 时所体会到的:"它就像冬日过后一缕清新的空气、一束温暖的阳光"。你也将从本书中汲取营养,收获 Python 带来的喜悦。

RedHat(红帽公司)资深讲师、RHCA 考官　赵宗禹时下相当热门的编程语言当属 Python。Python 无论在数据分析、人工智能领域，还是在运维开发领域都是首屈一指的编程语言，近几年更是如火如荼地发展壮大。从编程语言排行榜来看，Python 目前已名列前茅，受众多编程爱好者欢迎。

张老师在 Python 领域潜心经营多年，功力深厚，项目经验丰富，而且其凭借多年的 IT 授课经验来编著此书，所以本书更是上乘佳作。本书从 Python 的基础讲起，章节设计合理，符合初学者的思维，应用层面也符合老手的阅读习惯，不失为一本"Python 秘籍"。本书更是张老师在 Python 领域经验布道的佳作，可以让新手逐步成长为技术大咖。读者阅读此书，除了能在技术上有所收获，更能吸收全书中的实际应用经验。所谓"授人以鱼，不如授人以渔"，我更看重书中的经验心得，此处为张老师点赞。

最后，希望大家认认真真地学习 Python，在 Python 的技术海洋中自由翱翔，并学有所成。

光大科技有限公司技术专家 许成林

近年来，随着云计算、大数据及人工智能等技术的崛起和发展，Python 在这些领域表现得非常出色且占据了十分重要的地位。

Python 本身相较于其他编程语言极易上手，不仅自身内嵌了许多通用代码库，也集成了很多开发者贡献的优秀库；在设计上坚持了清晰划一的风格，使得 Python 成为一门易读、易维护，并且被大量用户所欢迎的、用途广泛的语言。

我与本书的作者张老师已经相交多年，亦师亦友。他在网络、系统、编程等方面都有着非常丰富的理论和实战经验。

Python 书籍很多，本书适合初学者，且真正经过用心思考。本书知识结构清晰，由浅入深，配合了大量的实用案例，通俗易懂，具有较强的实用性，让人受益匪浅。

如果你是刚刚接触 Python 的新手，苦于入门，或者你有一定的 Python 基础，但不知道如何将其运用到工作中，那么本书非常适合你。本书寓教于乐的风格能让你充满学习的兴趣和渴望，达到事半功倍的效果。如果你是工作在一线的"老司机"，那么本书同样适合你，本书中系统的理论知识和大量的实战案例，可以让你获取新的指导和启发。并且，这是一本难得的且值得经常翻阅的工具书。

最后，作为一名从事互联网工作多年的"老司机"，同时作为一名热爱 Python 的人，我希望读者可以通过阅读本书并仔细练习书中精心准备的案例，享受 Python 开发带来的乐趣。接下来，让我们开始阅读吧！

金山云网络技术有限公司运维总监　韩德田

前　　言

信息时代早已来临，各行各业，甚至个人的办公和娱乐也早已离不开互联网，离不开信息技术。计算机的普及使得原本只有专业人员才需要掌握的技术"飞入寻常百姓家"。计算机编程就是这样一种技术，即使非 IT 专业人士也有通过编程提升工作效率的需求。

Python 被公认为是"最适合入门学习的编程语言"，它的语法简洁，关键字少，掌握起来难度相对于其他编程语言更低一些。然而，Python 并不是只能做一些"简单的工作"，Python 已被广泛地应用在云计算、人工智能、自动化运维、自动化测试、数据分析、科学计算、网络爬虫等专业领域。全球各大公司也都把 Python 作为主要的开发语言。

本书主要面向 Python 初级用户，通过丰富的案例进行全面阐述。笔者具有多年教学经验，深知读者学习过程中的疑惑。本书将尽量解决读者学习过程中的痛点问题，既讲理论，又有实践和思路。同时，本书将使用通俗的语言和生活中的案例解释专业术语，保证读者能看懂，又不失专业性。

本书定位

本书的定位是 Python 编程入门书。

初学者学习的主要障碍一方面是代码量，另一方面是编程思路。所以本书：

- ➢ 一方面用丰富的代码案例，结合知识点进行讲解，做到让读者既掌握了语法，又学会了应用。

- ➢ 另一方面，本书还将精讲编程思路。掌握 Python 语法并不难，初学者往往"看得懂别人的代码，但是自己写的时候又无从下手"，这是因为缺少编程思路，本书将带读者一起体验程序从构思到实现的过程。

本书不是"从入门到精通的书",不是一本"大部头",让人望而却步。本着能懂、够用的原则,本书循序渐进,逐步揭示 Python 编程的核心语法与编程思想。

本书结构

第 1 章,介绍 Python 编程环境的搭建与配置。通过基本语法讲解、变量介绍及输入输出语句等,让读者初步领略 Python 的哲学思想:美胜丑、简胜繁、明胜暗。

第 2 章,介绍 Python 常用的数据类型,即字符串、数字、列表、元组和字典。同时,对这些数据类型进行比较,阐述它们的应用场景。

第 3 章,介绍 if 判断语句、for 循环和 while 循环这 3 种应用最广泛的结构,还介绍如何实现判断、循环语句的嵌套。

第 4 章,介绍异常处理,通过 try 语句捕获程序运行过程中可能出现的异常,并给出补救代码,也给出通过 raise 和 assert 关键字自定义异常的方法。

第 5 章,详细介绍函数,包括函数的基本应用、变量作用域,也涉及递归函数、lambda 匿名函数、闭包、装饰器等高级用法。

第 6 章,介绍文件操作。通过基础的文件操作方法,实现对 str 和 bytes 类型的文本进行读写;通过 pickle 存储器把任意数据对象写入文件,又能无损取出;通过 os 和 shutil 模块对文件进行复制、删除等操作;通过 tarfile 模块实现对文件的压缩和解压缩;通过 hashlib 实现文件的哈希值计算。

第 7 章,介绍面向对象编程的初级用法,涉及组合、继承、多重继承,讲解__init__、__str__、__call__等"魔法"方法。

第 8 章,介绍数据库操作。通过 pymysql 模块实现对 MySQL 数据库的增删改查,通过 SQLAlchemy 的 ORM 实现对任意关系型数据库的访问。

第 9 章,介绍正则表达式。首先介绍正则表达式如何匹配字符串,然后讲解 Python 如何通过正则表达式取出指定字符串。

第 10 章,介绍并行处理,涉及多进程与多线程的基础知识,将大任务切分为众多小任务并行执行,以提升编程效率。

第 11 章，介绍 Python 网络编程，涉及底层 Socket 模块，讲解网络编程原理，通过 urllib、requests 高级模块结合 JSON 获取网络资源。

Python 是一门跨平台的语言，使用任何操作系统作为其开发环境均可。本书采用的是 CentOS 7.4 和 Python 3.7.2。

当然，每个人都有自己的学习方法和经验，笔者水平亦有限，难免会有疏漏之处，欢迎广大读者提出宝贵意见和建议。

更多实例及资源请到博文视点官网下载。

致　谢

感谢我的妻子为家庭的辛苦付出，感谢女儿理解、配合父母的愿景并为之努力，同时为家庭带来了无数的欢乐。没有你们的支持与鼓励，我也无法完成此书。

感谢电子工业出版社有限公司的编辑董英老师。董英老师在出版方面给我提供了大量专业指导，使本书得以顺利出版。

感谢我的学生们。在授课过程中，我收集到了各种初学者的烦恼与问题，使得我在编写本书时，可以深刻地了解初学者的状态，写作更有针对性。

读者服务

微信扫码回复：40143

・获取本书配套代码

・获取作者提供的各种共享文档、线上直播、技术分享等免费资源

・加入本书读者交流群，与本书作者互动

・获取博文视点学院在线课程、电子书 20 元代金券

特 别 鸣 谢

策 划 人：周华飞

团队讲师：（以姓氏笔划为序）

   丁明一 王 凯 牛 犇

   李 欣 李佳宇 庞丽静

他们为本书的策划提供了宝贵意见和建议，在此特别鸣谢！

目　　录

第1章　管中窥豹 ... 1
1.1　获取 Python 程序包 ... 2
1.2　安装 Python ... 2
1.2.1　源码包安装方式 ... 2
1.2.2　二进制 rpm 包安装方式 ... 3
1.3　配置 IDE ... 4
1.4　运行 Python 代码的方式 ... 12
1.4.1　使用交互式解释器 ... 12
1.4.2　使用 Python 脚本 ... 13
1.5　输入/输出 ... 13
1.5.1　使用 print 语句输出内容到屏幕终端 ... 13
1.5.2　使用 input()内建函数获取用户的键盘输入 ... 15
1.6　注释及文档字符串 ... 16
1.6.1　通过注释为程序添加功能说明 ... 16
1.6.2　使用文档字符串添加帮助信息 ... 17
1.7　变量 ... 19
1.7.1　变量定义的要求及推荐的命名方法 ... 19
1.7.2　变量赋值 ... 20
1.7.3　变量类型 ... 22
1.8　语法结构 ... 23
1.8.1　使用4个空格实现语句块缩进 ... 23
1.8.2　使用续行符将一行代码分解到多行 ... 23

1.8.3 使用分号将多行语句书写到同一行 ································· 24
1.8.4 配置 Python 交互解释器支持按 Tab 键补全 ····················· 24

第 2 章 魔力数据 ··············· 25

2.1 数字类型 ··· 26
    2.1.1 基本数字类型 ··· 26
    2.1.2 不同进制的整数数字表示方式 ····························· 26
    2.1.3 算术运算符 ··· 27
    2.1.4 比较运算符 ··· 28
    2.1.5 逻辑运算符 ··· 28
2.2 字符串 ··· 30
    2.2.1 常用的定义字符串的方式 ································· 30
    2.2.2 通过字符串切片获取字符或子串 ··························· 31
    2.2.3 字符串的拼接与重复 ····································· 33
    2.2.4 字符串成员关系判断 ····································· 33
    2.2.5 字符串方法 ··· 34
    2.2.6 字符串格式化方法 ······································· 37
    2.2.7 利用原始字符串表达字面本身的含义 ······················· 38
2.3 列表 ··· 39
    2.3.1 定义列表 ··· 39
    2.3.2 列表切片 ··· 40
    2.3.3 列表方法 ··· 40
2.4 元组 ··· 43
    2.4.1 定义元组 ··· 43
    2.4.2 单元素元组注意事项 ··································· 43
2.5 字典 ··· 44
    2.5.1 定义字典 ··· 44
    2.5.2 更新字典内容 ··· 44
    2.5.3 字典方法 ··· 44

2.6 数据类型比较 ··· 46
2.6.1 数据存储模型 ··· 47
2.6.2 数据更新模型 ··· 47
2.6.3 数据访问模型 ··· 50
2.7 相关操作 ··· 50
2.7.1 获取对象"长度" ··· 50
2.7.2 成员关系判定 ··· 51

第3章 方圆之规 ··· 52
3.1 判断语句 ··· 53
3.1.1 if基本判断语句 ··· 53
3.1.2 if-else 扩展判断语句 ··· 54
3.1.3 if-elif-else 多分支判断语句 ··· 55
3.1.4 利用条件表达式简化判断语句 ··· 56
3.1.5 应用案例：根据分数进行成绩分级 ··· 57
3.1.6 应用案例：编写石头剪刀布人机交互小游戏 ··· 59
3.2 while 循环语句 ··· 63
3.2.1 基础语法结构 ··· 63
3.2.2 应用案例：从1累加到100 ··· 63
3.2.3 应用案例：猜数 ··· 64
3.2.4 应用案例：三局两胜的石头剪刀布游戏 ··· 65
3.2.5 通过 break 语句中断循环 ··· 66
3.2.6 通过 continue 语句跳过本次循环 ··· 67
3.2.7 应用案例：计算100以内所有的偶数之和 ··· 67
3.2.8 循环正常结束后执行 else 语句中的代码 ··· 68
3.2.9 应用案例：有限次数的猜数 ··· 69
3.3 for 循环语句 ··· 70
3.3.1 基础语法结构 ··· 70
3.3.2 通过 range()函数生成数字 ··· 71

3.4 列表解析 ··· 73
3.5 常用内建函数 ·· 74
3.6 综合运用 ··· 76
  3.6.1 应用案例：九九乘法表 ··· 76
  3.6.2 应用案例：斐波那契数列 ··· 78
  3.6.3 应用案例：提取字符串 ··· 79
  3.6.4 应用案例：为密码或验证码生成随机字符串 ··································· 80

第 4 章　亡羊补牢 ·· 84

4.1 异常的基本概念 ·· 85
4.2 检测和处理异常 ·· 86
  4.2.1 基础语法结构 ·· 86
  4.2.2 利用异常参数保存异常原因 ·· 88
  4.2.3 异常的 else 子句 ··· 89
  4.2.4 finally 子句 ··· 91
4.3 触发异常 ··· 91
  4.3.1 利用 raise 语句主动触发异常 ··· 92
  4.3.2 利用 assert 语句触发断言异常 ··· 92

第 5 章　重复利用 ·· 93

5.1 函数基础 ··· 94
  5.1.1 函数的基本概念 ·· 94
  5.1.2 调用函数 ··· 94
  5.1.3 把函数的执行结果通过 return 返回 ··· 96
  5.1.4 通过参数向函数传递需要处理的数据 ··· 99
  5.1.5 位置参数 ··· 100
  5.1.6 应用案例：改写生成随机字符串的代码 ······································· 101
  5.1.7 提供默认值的默认参数 ·· 103

5.2 模块基础 ·· 104
5.2.1 模块的基本概念 ·· 104
5.2.2 导入模块的常用方法 ·· 104
5.2.3 执行模块导入时的搜索路径 ··· 105
5.2.4 模块的导入特性 ·· 106
5.2.5 模块结构和代码布局 ·· 108
5.2.6 应用案例：模拟用户登录系统 ·· 109

5.3 函数进阶 ·· 114
5.3.1 变量作用域 ··· 114
5.3.2 参数注意事项 ··· 116
5.3.3 个数未知的参数 ·· 118
5.3.4 应用案例：简单的数学小游戏 ·· 120
5.3.5 lambda 匿名函数 ··· 123
5.3.6 利用偏函数改造现有函数 ·· 126
5.3.7 递归函数 ··· 127
5.3.8 应用案例：递归列出目录内容 ·· 128
5.3.9 应用案例：快速排序 ·· 130
5.3.10 特殊函数：生成器 ·· 131
5.3.11 函数高级用法：闭包和装饰器 ······································· 132
5.3.12 应用案例：计算函数运行时间 ······································· 138

第 6 章 文件操作 ·· 141

6.1 文件操作基础 ·· 142
6.1.1 打开模式 ··· 142
6.1.2 读取文本文件的常用方法 ·· 143
6.1.3 应用案例：文件生成器 ·· 146
6.1.4 将字符串写入文件 ·· 147
6.1.5 非文本文件读写操作 ·· 148
6.1.6 通过 with 关键字打开文件 ··· 149

   6.1.7 应用案例：复制文件 ································· 149
   6.1.8 通过 seek()方法移动文件指针 ······················· 151
   6.1.9 应用案例：unix2dos ······························ 153
   6.1.10 应用案例：进度条动画 ····························· 154
 6.2 字符编码 ··· 155
 6.3 time 模块 ·· 158
   6.3.1 time 模块的常用方法 ······························ 158
   6.3.2 应用案例：根据时间取出文件内容 ··················· 160
 6.4 datetime 模块 ··· 163
   6.4.1 datetime 模块的常用方法 ·························· 163
   6.4.2 应用案例：根据时间取出文件内容 ··················· 164
 6.5 pickle 模块 ··· 165
   6.5.1 pickle 模块应用 ·································· 165
   6.5.2 应用案例：记账 ·································· 166
 6.6 shutil 模块 ··· 170
 6.7 os 模块 ·· 172
 6.8 hashlib 模块 ·· 175
   6.8.1 hashlib 模块的使用方法 ···························· 175
   6.8.2 应用案例：计算文件的 md5 值 ······················ 176
 6.9 tarfile 模块 ··· 177
   6.9.1 tarfile 模块的使用方法 ···························· 177
   6.9.2 应用案例：备份程序 ······························ 178

第 7 章 面向对象 ··· 186
 7.1 OOP 基础 ·· 187
 7.2 OOP 常用编程方式之组合 ································ 190
 7.3 OOP 常用编程方式之继承 ································ 191
 7.4 多重继承 ··· 193
 7.5 "魔法"方法 ·· 195

第 8 章 数据仓库 · 197

- 8.1 案例需求分析 · 198
- 8.2 安装非标准模块的方法 · 200
- 8.3 通过 PyMySQL 模块操作 MySQL 数据库 · 200
- 8.4 通过 SQLAlchemy 操作关系型数据库 · 205
  - 8.4.1 ORM · 206
  - 8.4.2 SQLAlchemy 核心应用 · 207
  - 8.4.3 SQLAlchemy 操作数据 · 211
- 8.5 SQLite 文件型数据库 · 220

第 9 章 正则表达式 · 224

- 9.1 正则表达式与模式匹配 · 225
- 9.2 正则表达式的元字符 · 226
  - 9.2.1 匹配单个字符 · 226
  - 9.2.2 匹配一组字符 · 228
  - 9.2.3 其他常用元字符 · 230
- 9.3 re 模块 · 230
  - 9.3.1 re 模块的常用方法 · 230
  - 9.3.2 应用案例：分析 Web 服务器的访问日志 · 232

第 10 章 并行处理 · 240

- 10.1 单进程单线程程序 · 241
- 10.2 通过 os.fork() 实现多进程编程 · 243
  - 10.2.1 多进程编程基础 · 244
  - 10.2.2 应用案例：多进程 ping · 247
- 10.3 多线程和 threading 模块 · 248
  - 10.3.1 多线程编程基础 · 249
  - 10.3.2 应用案例：多线程 ping · 250

10.4 通过 Paramiko 模块实现服务器远程管理 ··· 251
    10.4.1 Paramiko 应用基础 ··· 251
    10.4.2 应用案例：服务器批量管理 ·· 253

第 11 章 网络互联 ··· 256

11.1 Socket 模块 ··· 257
    11.1.1 TCP 服务器 ··· 258
    11.1.2 应用案例：多线程 TCP 服务器 ·· 262
    11.1.3 TCP 客户端编程 ·· 264
    11.1.4 UDP 服务器编程 ··· 265
    11.1.5 UDP 客户端编程 ··· 267
11.2 urllib 模块 ·· 268
    11.2.1 urllib.request 模块 ·· 268
    11.2.2 urllib.error 模块 ·· 271
    11.2.3 应用案例：爬取图片 ··· 272
11.3 通过 requests 模块实现网络编程 ··· 274
    11.3.1 JSON 轻量级数据交换格式 ·· 274
    11.3.2 requests.get 方法 ·· 276
    11.3.3 requests.post 方法 ·· 279

第 1 章 管 中 窥 豹

"管中窥豹,可见一斑。"本章仅对 Python 做一个简要的说明。首先介绍如何搭建 Python 编程环境,然后介绍 Python 的语法格式和变量、输入输出语句,旨在使读者快速入门。

1.1 获取 Python 程序包

Python 的官方站点如图 1-1 所示。在"Downloads"页面中选择一个版本进行下载，本书采用的是 3.7.2 版本。Windows 系统和 MacOS 系统都有明确的提示，如果是 Linux 系统，则选择"Source release"即可。

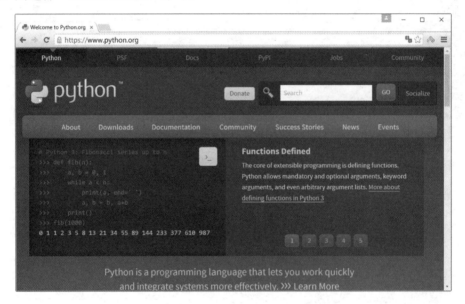

图 1-1

1.2 安装 Python

1.2.1 源码包安装方式

如果是 Windows 版本，则只要按照向导操作即可。下面主要说明如何在 CentOS 7 系统中安装 Python 3.7.2。

安装依赖的软件包：

```
# yum install -y sqlite-devel tk-devel tcl-devel readline-devel zlib-devel gcc gcc-c++ openssl-devel libffi-devel
```

> ⚠ 注意：请将上述软件包安装完整。虽然如果没有把列出的软件包全部安装上也能运行，但是在后面章节中编写代码时，将会不支持某些模块。

编译并安装：

```
# tar xzf Python-3.7.2.tgz
# cd Python-3.7.2
# ./configure --prefix=/usr/local/
# make && make install
```

> ⚠ 注意：CentOS 系统中有大量的程序是采用 Python 2 编写的。所以不要用 Python 3 把 Python 2 覆盖掉。两个版本的 Python 代码并不完全兼容，如果 Python 3 覆盖掉了 Python 2，则系统中将有大量的程序无法正确地运行。

1.2.2　二进制 rpm 包安装方式

CentOS 光盘镜像中并不存在 Python 3 的 rpm 包，可以通过国内开源镜像的 yum 源进行安装。本例采用网易镜像进行演示。首先访问网易开源镜像站，如图 1-2 所示。

图 1-2

单击【centos 使用帮助】链接后，在【CentOS7】链接上右击，选择【复制链接地址】菜单项，如图 1-3 所示。

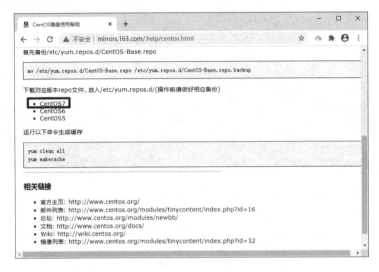

图 1-3

下载网易镜像站点配置文件：

```
[root@localhost ~]# wget -O /etc/yum.repos.d/163.repo \
http://mirrors.163.com/.help/CentOS7-Base-163.repo
# 注意：此链接为上一步复制出来的地址
```

安装 Python 3：

```
[root@localhost ~]# yum install python3 python3-devel
```

> 注意：两种安装方式二选一。编写代码时并无任何区别。本书采用第一种方法安装的 Python 进行讲解。

1.3 配置 IDE

在编写程序的时候，一个好的 IDE（Integrated Development Environment，集成开发环境）软件，可以帮助程序员高效、快速地进行开发，给程序员提供友好的帮助和提示。

推荐大家使用 PyCharm，它是一款优秀的 IDE 软件。该工具既提供了收费的商业版，也提供了免费的社区版，初学者使用免费的社区版完全可以满足需要，如图 1-4 所示。

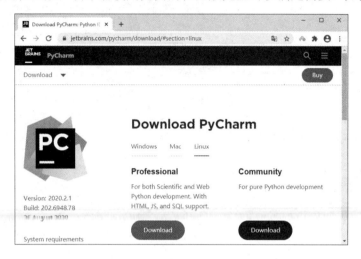

图 1-4

PyCharm 带有一整套可以帮助用户在使用 Python 进行程序开发时提高其效率的工具，例如，调试、语法高亮、项目管理、代码跳转、智能提示、代码自动补全、单元测试、版本控制等。

Windows 版本的 PyCharm 安装，只要下载后双击按照向导进行操作即可。此处演示 CentOS 7 系统的安装方法。

Linux 系统上的 PyCharm 是一个"绿色版"软件，只要解压即可使用：

```
[root@localhost ~]# mkdir ~/bin                 # 创建解压目录
[root@localhost ~]# tar xf pycharm-community-2020.1.4.tar.gz  -C ~/bin/
```

解压后目录中的~/bin/pycharm-community-2020.1.4/bin/pycharm.sh 为程序启动文件。为了方便，我们可以将它放到程序菜单中，如图 1-5 所示。

```
[root@localhost ~]# yum install -y alacarte       # 安装【主菜单】应用
```

在弹出的窗口中，添加 PyCharm 项目，如图 1-6 和图 1-7 所示。

图 1-5　　　　　　　　　　　　　　　　图 1-6

图 1-7

在图 1-7 的对话框中，Name 的值可以随意填写；在 Command 文本框中填写程序路径，即解压目录中的/root/bin/pycharm-community-2020.1.4/bin/pycharm.sh；单击左侧图标后，按图 1-8 所示找到/root/bin/pycharm-community-2020.1.4/bin/pycharm.png。

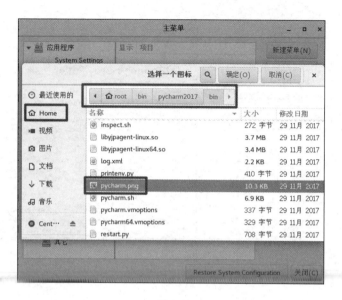

图 1-8

单击【关闭】按钮,完成菜单配置,如图 1-9 所示。

图 1-9

在菜单中打开 PyCharm 进行初始化,如图 1-10 所示。

接受协议并继续,如图 1-11 所示。

图 1-10

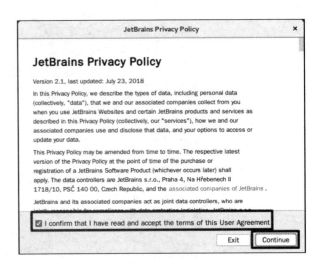

图 1-11

选择不发送数据共享即可，如图 1-12 所示。

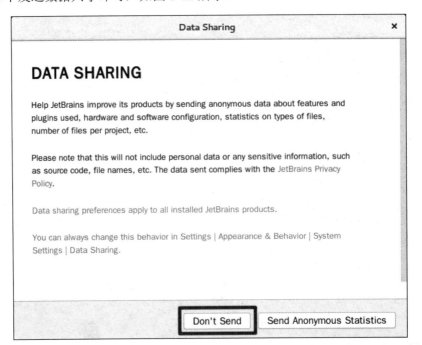

图 1-12

选择一个 UI 主题，并跳过后续设置，如图 1-13 所示。

图 1-13

编写程序时，一个程序可以由很多文件构成，这些文件存储的目录就是项目目录。下面来创建一个项目目录，如图 1-14 所示。

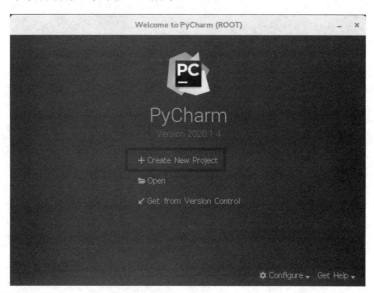

图 1-14

项目目录位置 Location 可以自定义，默认位置在用户的家目录下。如果该目录不存在，则 PyCharm 将自动创建一个。Interpreter 需要你指定一个 Python 解释器，既然我们使用的是 Python 3，就需要找到 Python 3 的位置，如图 1-15 所示。

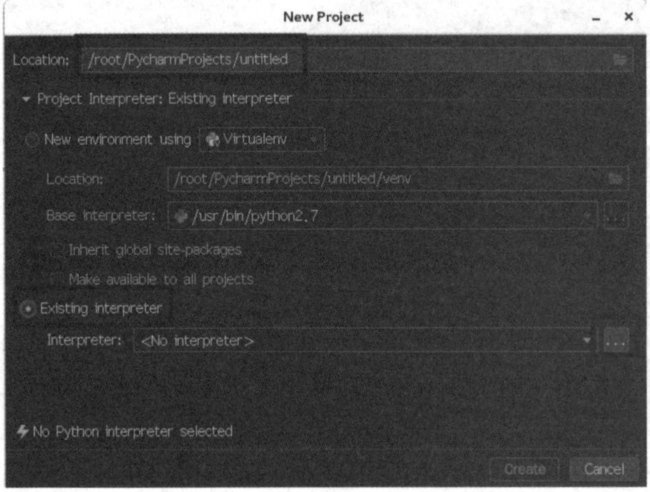

图 1-15

勾选【Make available to all projects】复选项，允许配置的解释器可用于所有的项目，如图 1-16 所示。

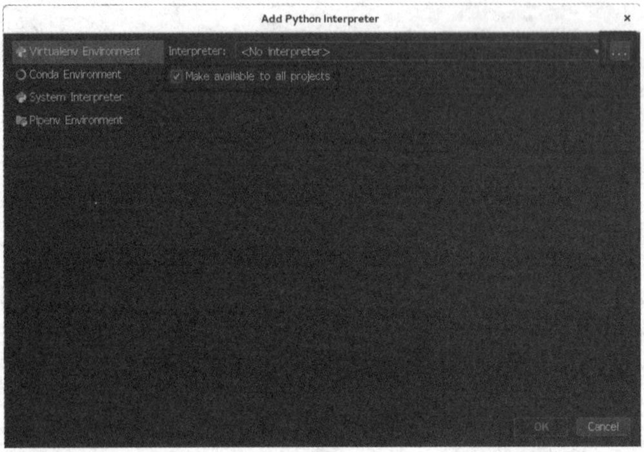

图 1-16

找到 Python 3 程序文件的位置，单击【OK】按钮进行确认，如图 1-17 所示。

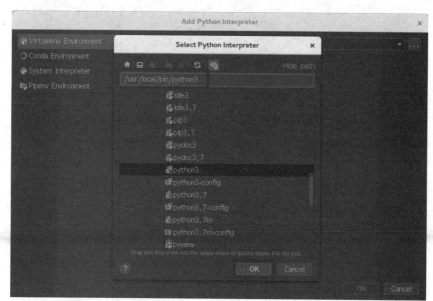

图 1-17

在项目目录上右击，新建 Python 文件，你就可以愉快地编写代码了，如图 1-18 所示！

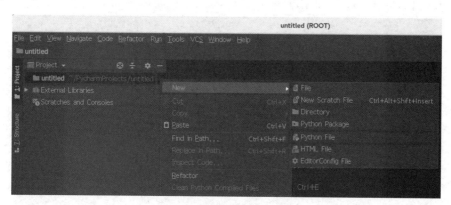

图 1-18

IDE 具有代码提示和补全功能，只要输入字符，可用的相关名字就会都列出来，如图 1-19 所示。PyCharm 默认自动保存文件，无须手工完成。

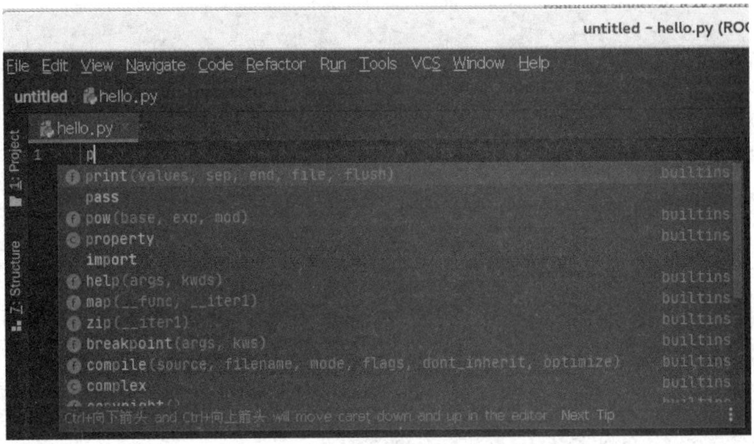

图 1-19

> ⚠ 注意：为了方便表示，后续所有章节中写入文件的代码，本书都使用 vim 编辑器进行文件编辑，但是也都可以使用 PyCharm 编辑器编写。

1.4 运行 Python 代码的方式

1.4.1 使用交互式解释器

在进行学习或需要熟悉 Python 的一些功能时，交互解释器提供了极为便利的环境。只要在命令行下，输入 python 3 后回车就进入了 Python 交互解释器（在 CentOS 7 系统中，直接运行 python 默认进入的是 Python 2）。如果需要退出，则可以按组合键 Ctrl + D 或输入 exit()，如下所示：

```
[root@localhost ~]# python3
Python 3.7.2 (default, Feb 26 2019, 20:56:30)
[GCC 4.8.5 20150623 (Red Hat 4.8.5-36)] on linux
Type "help", "copyright", "credits" or "license" for more information.
>>> exit()
[root@localhost ~]#
```

1.4.2 使用 Python 脚本

Python 程序文件以 py 作为扩展名，.py 前面的名称也应该遵守以下约定：

- 第一个字符使用字母或下画线。
- 其余字符可以使用字母、下画线和数字。
- 区分大小写。

之所以有此约定，是因为一个 Python 文件就是一个模块，模块的名称也就是一个标识符，它也需要和变量、函数、类一样，遵守相同的约定。

文件中的第一行，像其他脚本程序一样，以一个称为 she-bang 的字符串开头，指明了脚本的解释器位置，如下所示：

```
#!/usr/local/bin/python3
```

这样的书写方法，会有一些问题：在笔者所用的系统中，Python 程序位于 /usr/local/bin/python3，但是换成其他系统，Python 的位置可能是 /usr/bin/python3。这样一来，你的程序将无法正常执行。解决的办法是，让 env 帮你找到 Python 3 的准确安装位置，如下所示：

```
[root@localhost ~]# vim hello.py
#!/usr/bin/env python3
```

1.5 输入/输出

1.5.1 使用 print 语句输出内容到屏幕终端

向屏幕终端输出数据，常用的语句是 print。每种语言最经典的第一个程序都是 Hello World，展示如下。

- 使用交互解释器的方法。

```
>>> print("Hello World!")
Hello World!
```

```
>>>
```

➢ 使用脚本执行的方法。

```
[root@localhost bin]# vim hello.py
#!/usr/bin/env python3

print("Hello World!")

[root@localhost bin]# python3 hello.py
Hello World!
[root@localhost bin]# chmod +x hello.py
[root@localhost bin]# ./hello.py
Hello World!
[root@localhost bin]#
```

在编写代码的时候，需要注意以下几个问题：

（1）字符串必须要用引号（单引号或双引号均可，在 Python 中，单引号和双引号没有任何区别）括起来。如果没有引号，则 Python 会认为 Hello 和 World 都是一个名称，该名称可能代表了一个变量、一个函数或者其他对象。然而该名称又没有定义，这将会出现语法错误。

（2）代码必须顶头写。Python 完全通过代码缩进表达从属的逻辑关系（例如，在 C 语言里用{}表达从属关系，在 shell 的 for 循环中用 do...done 表达从属关系）。如果在 print 前面加上了空格，将会抛出 IndentationError 异常：Python 发现 print 有缩进，而 print 又不是任何其他语句的子语句。

（3）在交互解释器中，输入一个字符串（或者其他对象）回车后，该字符串将在屏幕终端上显示出来；而在一个脚本文件中，如果没有明确的输出语句，那么屏幕终端将不会产生任何输出。

交互解释器演示如下：

```
>>> 'hello world!'
'hello world!'
>>>
```

以脚本方式运行的结果如下：

```
[root@localhost bin]# vim hello.py
#!/usr/bin/env python3

'hello world'

[root@localhost bin]# python3 hello.py
[root@localhost bin]#              # 程序无任何输出
```

1.5.2　使用 input()内建函数获取用户的键盘输入

有些程序在执行时会与用户交互，获得用户输入信息，非常常用的方法就是 input()内建函数了。获取用户输入的信息后，往往需要将其保存在变量中，以便将来再次使用。变量赋值使用一个等号来实现，等号两边可以添加空格，也可以不加，通常的写法是加上。用法如下所示：

```
[root@localhost bin]# vim hello.py
name = input("Your name: ")
print("Hello", name)


[root@localhost bin]# python3 hello.py
Your name: zzg
Hello zzg
[root@localhost bin]#
```

在 input()函数的圆括号内可以添加一个字符串作为参数，该字符串将作为用户输入的提示符出现。用户输入的字符串保存到了变量 name 中，print 语句后面的字符串"Hello"和变量 name 之间有一个逗号，在输出时，Python 将会在两个字符串中间自动加一个空格。

需要注意的是，input()函数读取进来的任何内容都将以字符串的形式保存。如果没有意识到这一点，就有可能会犯一些错误。例如：

```
>>> number = input("number: ")
number: 20
>>> number + 10
```

```
Traceback (most recent call last):
  File "<stdin>", line 1, in <module>
TypeError: can only concatenate str (not "int") to str
```

Python 是一门编程语言，它有数据类型的概念。Python 尽量保证参与运算的是相同类型的对象。number 是通过 input()函数得到的，它是字符串类型的，字符串不能和数字进行加法操作。

如果希望进行数学加法运算，则需要将字符串通过 int()函数转换成整数；如果希望进行字符串的拼接操作，则需要将数字转换为字符串。如下所示：

```
>>> number = input("number: ")
number: 20
>>> int(number) + 10
30
>>> number + str(10)
'2010'
```

int()函数和 str()函数都是 Python 的内建函数。int()函数可以将数字字符串转换成十进制整数，str()函数可以将数据对象转换成字符串对象。

1.6 注释及文档字符串

1.6.1 通过注释为程序添加功能说明

和大部分脚本及 UNIX-shell 语言一样，Python 也使用#标示注释。从#开始，直到该行结束的内容，都是注释。

被注释的内容，在程序功能方面没有任何作用，但是良好的注释习惯可以方便其他人了解你的程序功能，也方便自己在日后能读懂曾经写过的代码。

当然你也可以在测试代码时，把一些不希望执行的代码先注释掉，使其不发挥作用，而不是删除它们。

> 💡 小技巧：在 PyCharm 中，可以把要注释的几行选中，按组合键 Ctrl + /。按组合键 Ctrl + / 还可以把已经注释的内容取消注释。

1.6.2 使用文档字符串添加帮助信息

在使用 Linux 操作系统时，如果想获取帮助，可以执行 man 命令。Python 也提供了类似 man 的命令。在 Python 中，可以使用 help() 函数获取相关的帮助信息。例如，想获取 len() 内部函数的使用方法，可以通过下面的方式实现：

```
>>> help(len)

Help on built-in function len in module builtins:

len(obj, /)
    Return the number of items in a container.
(END)
```

查看帮助时，如果内容过长，则可以通过按回车键或空格键来翻页；如果想要退出帮助，则按小写字母 q 键。

我们自己写的程序也能实现这样的功能，而且并不困难。下面举的例子用到了函数，这里仅仅作为演示，如果不能理解，那就跳过这一部分，对知识理解不会有任何影响。

创建一个名为 star.py 的文件，输入以下内容：

```
[root@myvm untitled]# vim star.py
"""star module

just a demo module.
only include a function.
"""

def pstar():
    "use to print 20 stars."
    print('*' * 20)
```

在上面的示例中，用到了三引号（三个连续的双引号，或者三个连续的单引号），三引号表达的意思和双引号、单引号完全一样，只不过它能够保存输入时的格式，如允许在引号内输入回车。如果在双引号或单引号内包含了多行，那么将会出现语法错误。注意，在 star module 下面有一个空行。

接下来，我们需要做的是，在交互解释器中将 star.py 作为模块导入（一个 Python 文件就是一个模块文件，模块名就是文件名，但是不包括.py）并查看帮助。如下所示：

```
>>> import star
>>> help(star)

Help on module star:

NAME
    star - star module

DESCRIPTION
    just a demo module.
    only include a function.

FUNCTIONS
    pstar()
        use to print 20 stars.

FILE
    /root/PycharmProjects/untitled/star.py

(END)
```

三引号中的第一行出现在了 NAME 后面，其余行作为 DESCRIPTION（描述）。pstar()函数也有相关说明。

如果只想查看 pstar()函数的帮助，则可以这样做：

```
>>> help(star.pstar)
```

```
Help on function pstar in module star:

pstar()
    use to print 20 stars.
(END)
```

1.7 变量

1.7.1 变量定义的要求及推荐的命名方法

有时候，我们会看到"字面量"这个词。字面量指字面本身的含义，比如 100 永远是数字 100 的意思，"hello world"永远是字符串本身的内容。编程时，使用这些字面量一方面不灵活，另一方面也没有实际的意义。用到的数字 100 是什么意思呢？是想表达质量 100kg，还是汽车行驶的速度 100km/h 呢？如果用名称 speed 来代替 100，我们就可以大概猜到这一定是某个速度。这里用到的 speed 就是变量。

在编写代码时，有些数据（如一个数字或一个字符串）需要反复用到，这个时候最好的办法是给其"起个名字"，这个名字就是变量。通过变量可以简化代码的输入，而且当数据需要改变时，只要把变量的值改一下就可以了，而不是费力地去查找替换。程序代码要用到 10 次数字 100，如果只是简单地每次写上 100，那么将来要把 100 改成 200，必须修改 10 个位置；而使用变量，只要把变量的值修改一次就完成了。

变量名由一组字符构成，但并不是什么样的字符都是可用的。对于可以使用的字符，硬性的要求只有以下三点：

- ➢ 首字符必须是字母或下画线。
- ➢ 其余字符除字母、下画线外，还可以使用数字。
- ➢ 区分大小写。

不过，为变量起一个"好的名字"还是很重要的。例如，在程序的编写过程中要用到 5 个变量，这 5 个变量起名 a1、a2、a3、a4、a5 是完全合法的，但是这种名字用起来自己可能也会混淆，更不用说其他人看你的代码时会有多痛苦了。那么，什么样的名字才是一个好的名字呢？现将部分用法总结如下：

- 变量名通常全部使用小写字母，虽然大写字母也是合法字符。
- 使用有意义的名字。例如，保存数字的变量起名为 number，保存用户名的变量起名为 username。
- 如果用到多个单词，则单词间用下画线分隔，如 python_string。
- 使用较为简短的名字，如 python_string 可以简写为 py_str。
- 变量名使用名词。另外，函数也有名字，而函数通常要实现某一个功能、做某一件事，用"动词+名词"更为合适。例如，用变量 phone 保存电话号码，而使用 update_phone 作为函数名，就是实现更新电话号码的功能。

1.7.2 变量赋值

变量赋值使用一个等号来实现，而且变量赋值是自右向左进行的。Shell 脚本中的变量赋值，等号两边不允许出现空格；而 Python 不做要求，通常的写法是等号两边都有空格。

把数字 10 的值，赋值给变量 number 的写法如下：

```
>>> number = 10
```

把 10 与 20 的和赋值给 number 的写法如下：

```
>>> number = 10 + 20
```

将 number 的值增加 10 的写法如下：

```
>>> number = number + 10
```

初学者有时会被上面的写法困扰，怎么也想不明白 number 为什么和 number+10 是相等的。注意，这不是比较，而是赋值，而且赋值运算是自右向左进行的。所以上面语句的正确理解是，先取出 number 的值，将其与数字 10 求和，得到的结果再赋值给变量 number。

将 number 的值增加 10，还可以写成如下格式：

```
>>> number += 10
```

这种写法与前一种写法是完全等价的。要注意，number 必须是已存在的一个变量，否则将会出现 NameError 这样的错误。也就是说，变量在使用之前必须先赋值。

如果你有一些其他编程语言的基础，这时候一定会想到，变量自增、自减可以用++或--来实现。让我们试一下：

```
>>> num = 10
>>> num++
  File "<stdin>", line 1
    num++
        ^
SyntaxError: invalid syntax
>>> num--
  File "<stdin>", line 1
    num--
        ^
SyntaxError: invalid syntax
>>> ++num
10
>>> print(num)
10
>>> --num
10
>>> print(num)
10
```

不要怀疑，Python 的确不支持 num++、num--这种操作。++num 和--num 没有报错，但是值没有变，因为它是"正正为正""负负为正"的意思，这里的+和-只不过是正负号而已。Python 崇尚的是简洁，不要有歧义，因为 num++或++num 这种自增方法初学时会有一定的学习难度，所以 Python 没有引入这种用法。

变量也支持链式赋值、多元赋值，如下所示：

```
>>> a = b = 10
>>> print(a)
10
>>> print(b)
10
>>> x, y = 100, 200
```

```
>>> print(x)
100
>>> print(y)
200
```

> 🔔 Python 的思想，可以在交互解释器中通过 import this 来探知一二。
>
> ```
> >>> import this
> The Zen of Python, by Tim Peters
>
> Beautiful is better than ugly.
> Explicit is better than implicit.
> Simple is better than complex.
> ……
> ```
>
> 此短文是 Tim Peters 编写的《Python 之禅》，它的主要思想用前三句话就可以代表了，简单来说就是：美胜丑、明胜暗、简胜繁。

1.7.3　变量类型

Python 是动态类型的语言，它有多种数据类型，但是并不需要提前声明。Python 会根据变量中保存的值来确定变量是何种类型。

```
>>> a = 10
>>> type(a)
<type 'int'>
>>> a = 'hello'
>>> type(a)
<type 'str'>
```

将整数 10 赋值给 a，变量 a 就变成了整数类型；而再次将字符串"hello"赋值给 a，变量 a 又自动变成了字符串类型。通过内建函数 type() 可以查看数据的类型。

一般来说，同种类型的数据才能做相应的运算，不同类型的数据进行运算则会出现错误：

```
>>> a = 10
>>> a + 5         # 数字和数字可以相加
15
>>> a + '5'       # 数字和字符串运算则不允许
Traceback (most recent call last):
  File "<stdin>", line 1, in <module>
TypeError: unsupported operand type(s) for +: 'int' and 'str'
```

1.8 语法结构

1.8.1 使用 4 个空格实现语句块缩进

Python 代码块通过缩进对齐表达代码逻辑，而不是使用花括号。缩进表示一个语句属于哪个代码块。使用 1 或 2 个空格进行缩进，缩进量太少，很难确定代码属于哪个语句块；使用 8 个以上空格，缩进量太多，如果代码内嵌的层次太多，就会使得代码很难阅读。Python 创始人范·罗萨姆支持的风格是缩进 4 个空格。

缩进相同的一组语句构成一个代码块，又被称为代码组。首行以关键字开始，以冒号（:）结束，该行之后的一行或多行代码构成代码组。如果代码组只有一行，则可以将其直接写在冒号后面，但是这样的写法可读性差，不推荐使用。

```
>>> print('hello world!')
hello world!
>>> if 3 > 0:
...     print('OK')
...     print('yes')
OK
yes
>>> if 3 > 0: print('Yes')    # 不推荐使用，还是应该写成两行
Yes
>>> print(x + y)
7
```

1.8.2 使用续行符将一行代码分解到多行

一行过长的语句可以使用反斜杠（\）分解成几行：

```
>>> a_long_string = 'Long long ago, there was a \
... programming language named python'
```

1.8.3　使用分号将多行语句书写到同一行

分号（;）允许你将多个语句写在同一行，但是有些语句不能在这行开始一个新的代码块。因为可读性会变差，所以不推荐使用。如下所示：

```
>>> x = 3; y = 4                        # 不推荐使用，还是应该写成两行
>>> a = 10; if a > 5: print('Yes')      # 语法错误
```

1.8.4　配置 Python 交互解释器支持按 Tab 键补全

Python 交互解释器默认不支持按 Tab 键补全，该功能的实现方式如下。

首先创建可以实现代码补全的脚本：

```
[root@myvm untitled]     # vim /usr/local/bin/tab.py
from rlcompleter import readline

readline.parse_and_bind('tab: complete')
```

然后创建环境变量：

```
[root@myvm untitled]     # vim ~/.bashrc    尾部追加以下内容
export PYTHONSTARTUP='/usr/local/bin/tab.py'
```

打开新终端，进入 Python 解释器，即可实现代码按 Tab 键补全。当然，如果你希望在当前终端立即生效，则可以执行 source 命令：

```
[root@myvm untitled]     # source ~/.bashrc
```

测试代码如下：

```
>>> i<tab><tab>            # 输入 i 后按两下 Tab 键，提示有哪些指令
id(         import      input(      is          issubclass(
if          in          int(        isinstance( iter(
>>> im<tab>                # 因为只有 import 以 im 开头，所以按 Tab 键实现补全
```

第 2 章 魔 力 数 据

"横看成岭侧成峰,远近高低各不同。"程序无时无刻不在处理数据,而数据是多种多样的。不同类型的数据拥有不同的属性,接受不同的操作方法。掌握了变化多样的数据类型,就可以随心所欲地操作数据对象,完成你心之所想的目标了。

2.1 数字类型

2.1.1 基本数字类型

Python 基本的数字类型有以下几种。

- ➢ int：有符号整数。
- ➢ bool：布尔值。
- ➢ float：浮点数。
- ➢ complex：复数。

简单来说，大致只需要知道，数字有正负之分，有的有小数点，有的没有小数点，这些就够了。

布尔值就是真或假，它也是整数类型，真值用 True 表示，对应数字 1；假值用 False 表示，对应数字 0。注意这两个单词的大小写。

浮点数就是有小数点的数，而复数基本上是平时用不到的。

2.1.2 不同进制的整数数字表示方式

我们平时使用的数字主要是十进制数，不加任何说明，Python 也默认采用十进制数输出。如果使用的是八进制、十六进制、二进制数，则需要在数字前面加上对应的前缀。

- ➢ 以 0o 或 0O（数字 0 和字母 O）开头的数字代表八进制数。
- ➢ 以 0x 或 0X 开头的数字代表十六进制数。
- ➢ 以 0b 或 0B 开头的数字代表二进制数。

注意，不管输入的是何种格式，Python 均默认采用十进制数输出。代码如下：

```
>>> print(0o11)
9
>>> 0o23
```

```
19
>>> print(0x11)
17
>>> 0x23
35
>>> print(0b11)
3
```

也许你会说你对数制转换不熟悉，但实际上你经常在做数制的转换，而且能够非常熟练地转换，这个转换是对时间进行的。例如，1 周零 1 天是几天？2 年零 2 个月共有几个月？2 小时 3 分 4 秒是多少秒？你都能熟练而准确地给出答案。按周计算是七进制，按年计算是十二进制，按小时计算就是六十进制。那么如果一周有 8 天，1 周零 1 天有多少天呢？一年有 16 个月，2 年零 3 个月是多少个月呢？这就很明白了吧。

2.1.3 算术运算符

标准运算符有加（+）、减（-）、乘（*）、除（/）、求模（%）和幂（**）运算符。这些运算符是我们平时经常用到的，有些无须特别说明。首先需要解释的是除法，先看一个例子：

```
>>> print(5 / 3)
1.6666666666666667
```

这里的除法是"真正的除法"。如果只想得到整数，不出现小数同时舍弃余数，则可以采用如下的形式：

```
>>> print(5 // 3)
1
```

要想得到余数，采用模运算（求余）：

```
>>> print(5 % 3)
2
```

如果既想得到商又想得到余数，则需要借助内建函数：

```
>>> divmod(5, 3)
(1, 2)
```

```
>>> a, b = divmod(5, 3)
>>> print(a)
1
>>> print(b)
2
```

幂运算（**）用于计算一个数的 N 次方，下面的例子是求 3 的 4 次方：

```
>>> print 3 ** 4
81
```

2.1.4 比较运算符

比较运算符有小于（<）、小于等于（<=）、大于（>）、大于等于（>=）、等于（==）和不等于（!=）。

判断是否相等的符号采用了双等号，如果错误地写成了一个等号，那么 Python 会认为是赋值操作符，而不是比较操作符。

Python 还支持连续比较：

```
>>> print(10 < 20 < 30)
True
>>> print(10 < 20 > 15)
True
```

比较操作最终返回的结果为真或假，上述的两个例子等价于：

```
>>> print(10 < 20 and 20 < 30)
True
>>> print(10 < 20 and 20 > 15)
True
```

第二个连续比较的例子，语法没有任何错误，但是不同的人理解起来不一样，会有歧义，也就是代码的可读性不好。所以推荐做法是全部采用小于号或者全部采用大于号。

2.1.5 逻辑运算符

逻辑运算符有表示与的 and、表示或的 or 和表示非的 not（即常说的【与或非】操作）。

and 两边表达式的结果都为 True，最终结果才为 True：

```
>>> 10 > 5 and 20 > 10
True
>>> 10 > 5 and 20 > 30
False
```

or 两边表达式的结果只要有一方是 True，最终结果就是 True；两边全为 False，最终结果才为 False：

```
>>> 10 > 5 or 20 > 30
True
>>> 10 > 50 or 20 > 30
False
```

not 将 True 变为 False，将 False 变为 True：

```
>>> not 10 > 5
False
>>> not 10 > 20
True
```

需要特别说明的是，各种运算符都有优先级高低之分。算术运算符的优先级高于比较运算符，比较运算符的优先级高于逻辑运算符。同一级别内的运算符也有优先级高低之分，如算术运算符中，乘除法的优先级比加减法高。然而，优先级高低的顺序并不一定必须记住，更好的做法是使用括号：既省去了记忆的麻烦，又提高了可读性。如下所示：

```
>>> print(not 10 < 20 or 10 < 30)
True
```

在上面的表达式中，not 的优先级比 or 高，先计算 not 10 < 20，再与 10 < 30 的结果做 or 运算。如果写成下面的样子，则可读性会更好一些：

```
>>> print((not 10 < 20) or (10 < 30))
True
```

同样的道理，下面的四则运算中，幂运算的优先级最高：

```
>>> 5 * 2 ** 3
40
```

如果写成下面的样子，则可读性会更好一些：

```
>>> 5 * (2 ** 3)
40
```

2.2 字符串

2.2.1 常用的定义字符串的方式

Python 中，字符串被定义为引号之间的字符集合。引号既可以使用单引号，也可以使用双引号。无论单引号，还是双引号，表示的含义都完全相同。此外，Python 支持三引号（三个连续的单引号或双引号），用于包含特殊字符，保存原始格式。如下所示：

```
>>> print("Tom's pet is a cat.")
Tom's pet is a cat.
```

为了正确地表示字符串中的单引号，需要在字符串两边使用双引号。如果采用了单引号，就会出现语法错误，因为 Python 将找到的第二个单引号与第一个单引号实行配对，如下所示：

```
>>> print('Tom's pet is a cat.')
  File "<stdin>", line 1
    print('Tom's pet is a cat.')
               ^
SyntaxError: invalid syntax
```

如果字符串中间有回车，则输入时需要使用转义字符：

```
>>> hi = "Hi Mr.Zhang.\nNice to meet you!"
>>> print(hi)
Hi Mr.Zhang.
Nice to meet you!
```

三引号能够保存输入时的原始样式，如下所示：

```
>>> hello = """Hi Mr.Zhang.
... Nice to meet you!"""
>>> print(hello)
Hi Mr.Zhang.
Nice to meet you!
```

在 Python 内部保存的时候，并没有分成多行，还是用\n 表示回车。不使用 print 语句，直接输入变量就可以看到 Python 存储的样式：

```
>>> hello
'Hi Mr.Zhang.\nNice to meet you!'
```

2.2.2 通过字符串切片获取字符或子串

使用索引运算符[ ]来得到一个字符。按照从左到右的顺序取字符，第一个字符的索引（也常被称为下标）是 0；按照从右到左的顺序取字符，还可以使用负数，最后一个字符的索引是-1。如果使用的下标已经超出范围，则会出现 IndexError 的异常：

```
>>> py_str = 'Python'
>>> len(py_str)    # 取出字符串的长度
6
>>> py_str[0]
'P'
>>> py_str[5]
'n'
>>> py_str[-1]
'n'
>>> py_str[-6]
'P'
>>> py_str[6]
Traceback (most recent call last):
  File "<stdin>", line 1, in <module>
IndexError: string index out of range
```

使用切片运算符[:]来得到一部分字符串。冒号左侧是起始下标，右侧是结束下标。其中，起始下标对应的字符包含在子串内，而结束下标对应的字符不包含在子串内。所以取出字符串"Python"的前两个字符，需要使用以下方式：

```
>>> py_str[0:2]
'Py'
```

那么，如果需要取出"thon"呢？字符"n"的下标是5，从下标为2的第三个字符取到下标为5的子串只能取出"tho"：

```
>>> py_str[2:5]
'tho'
```

试一下将结束下标改为6，虽然字符串没有这个下标值：

```
>>> py_str[2:6]
'thon'
```

通过上面的例子，可以得到结论：通过索引运算符取出一个字符，如果索引超出范围会发生错误，而通过切片运算符取子串，下标值可以是任意值。既然6都能用，60是不是也能使用呢？如下所示：

```
>>> py_str[2:60]
'thon'
```

在实际使用过程中，如果想取到结尾，结束下标干脆就不用写了：

```
>>> py_str[2:]
'thon'
```

同样的道理，从开头取，起始下标也是不用写的：

```
>>> py_str[:2]
'Py'
```

字符串取切片还支持一个步长值，可以跳跃地取子串，如只想取出"Pto"：

```
>>> py_str[::2]
'Pto'
```

起始下标和结束下标都没有写，表示从头取到尾，步长为2表示每隔一个字符取一个字符。如果只需要取出"yhn"，则如下所示：

```
>>> py_str[1::2]
'yhn'
```

步长值也能使用负数,表示自右向左取切片:

```
>>> py_str[::-1]
'nohtyP'
```

2.2.3 字符串的拼接与重复

字符串支持+操作,和数字运算不一样,字符"相加"只是简单地将两个字符串拼接到一起:

```
>>> 'Python' + ' is good'
'Python is good'
```

只要参与拼接的双方最终都是字符串对象就行,变量 py_str 是字符串类型,也可以实现拼接操作:

```
>>> py_str + ' is good'
'Python is good'
```

字符串还支持*操作,字符串的*表示将字符串重复多次:

```
>>> '*' * 20
'********************'
>>> 'python ' * 3
'python python python '
```

2.2.4 字符串成员关系判断

判断字符或字符串是否存在于另一个字符串中:

```
>>> py_str = 'Python'
>>> 't' in py_str          # t 在字符串中吗
True
>>> 'th' in py_str         # th 在字符串中吗
True
```

33

```
>>> 'to' in py_str        # t和o不连续，返回False
False
>>> 'to' not in py_str    # to不在字符串中吗
True
```

2.2.5 字符串方法

字符串拥有非常多方法，这里仅仅将常用的方法做一个简单的说明，完整方法请查阅官方文档，或使用 help 帮助。

➢ str.strip()。

strip()默认用于去除字符串两端的空白字符。空白字符并不是只有空格，全部的空白字符是" \r\t\v\f\n"。如下所示：

```
>>> demo_str = "  hello world!\n"
>>> demo_str.strip()
'hello world!'
```

strip()也可以去除两端指定的字符：

```
>>> "!hello world!?".strip('!?')
'hello world'
```

如果只是去除左端或右端的字符，则使用 lstrip()或 rstrip()：

```
>>> demo_str = "  hello world!\n"
>>> demo_str.lstrip()
'hello world!\n'
>>> demo_str.rstrip()
'  hello world!'
```

➢ str.split()。

split()默认使用空格作为分隔符，将字符串分隔开。

```
>>> hi = "hello world"
>>> hi.split()
['hello', 'world']
```

也可以指定分隔符：

```
>>> "hello.tar.gz".split('.')
['hello', 'tar', 'gz']
```

➢ str.replace()。

通过名称就能猜到，它用于字符串的替换操作：

```
>>> hi = "hello world"
>>> hi.replace("hello", "greet")
'greet world'
```

➢ str.islower()。

字符串中的字母全部是小写则返回 True，不考虑非字母字符：

```
>>> hi = 'hao123'
>>> hi.islower()
True
```

➢ str.isupper()。

字符串中的字母全部是大写则返回 True，不考虑非字母字符：

```
>>> 'HAO123'.isupper()
True
```

➢ str.isdigit()。

字符串中所有字符全部是数字才返回 True：

```
>>> 'hao123'.isdigit()
False
>>> '1234'.isdigit()
True
```

➢ str.ljust()。

字符串左对齐：

```
>>> 'hao123'.ljust(20)          # 宽度不足20，用空格补全
```

```
'hao123            '
>>> 'hao123'.ljust(20, '#')
'hao123##############'        # 宽度不足20，指定用#补全
```

➢ str.rjust()。

字符串右对齐：

```
>>> 'hao123'.rjust(20)
'              hao123'
>>> 'hao123'.rjust(20, '#')
'##############hao123'
```

➢ str.center()。

字符串居中：

```
>>> 'hao123'.center(20)
'       hao123       '
>>> 'hao123'.center(20, '#')
'#######hao123#######'
```

➢ str.startswith()。

判断字符串以哪些字符开头：

```
>>> 'how are you?'.startswith('h')
True
>>> 'how are you?'.startswith('how')
True
```

➢ str.endswith()。

判断字符串以哪些字符结尾：

```
>>> 'how are you?'.endswith('you')
False
```

2.2.6 字符串格式化方法

如果字符串中有变化的数据，则可以用%s进行占位：

```
>>> "%s is %s years old" % ('Tom', 20)
'Tom is 20 years old'
```

在中间%的前面有一个字符串，字符串中有两个%s进行占位，这两个%s被后面元组中的字符串"Tom"和数字20替换。

%s 表示使用 str()函数将相应的数据进行转换。上面的例子中，20 是十进制整数，它也可以使用%d进行占位：

```
>>> "%s is %d years old" % ('Tom', 20)
'Tom is 20 years old'
```

占位符还可以是一个表示宽度的数字：

```
>>> "%10s%10s" % ("name", "age")
'      name       age'
```

第一个%10s 表示后面元组中的"name"字符将占据 10 个字符的宽度，因为"name"的宽度是 4，那么需要在它前面补上 6 个空格。

%s 中间的数字，正数表示右对齐，采用负数可以实现左对齐：

```
>>> "%-10s%-10s" % ("name", "age")
'name      age       '
```

浮点数使用%f：

```
>>> '%f' % (5 / 3)
'1.666667'
>>> '%.2f' % (5 / 3)     # 小数位占两位
'1.67'
>>> '%8.2f' % (5 / 3)    # 总宽度为8，小数位占两位
'    1.67'
```

以八进制数进行输出:

```
>>> '%o' % 10
'12'
>>> '%#o' % 10
'0o12'
```

以十六进制数进行输出:

```
>>> '%x' % 10
'a'
>>> '%#x' % 10
'0xa'
```

使用%%输出百分号:

```
>>> '%d%%' % (3 / 5 * 100)
'60%'
```

2.2.7 利用原始字符串表达字面本身的含义

如果你正在使用 Windows 系统编写程序,很可能会需要定义一个路径,就像这样的:

```
>>> win_path = 'C:\temp\newdir'
```

接下来我们用 print 语句进行输出:

```
>>> print(win_path)
C:      emp
ewdir
```

你没有看错,就是这样的!为什么呢?因为\t 将会变成 Tab 键,而\n 会被翻译成回车。因此,路径就不得不这么书写:

```
>>> win_path = 'C:\\temp\\newdir'
>>> print(win_path)
C:\temp\newdir
```

现在好了,Windows 系统的路径不再出现错误,两个反斜线表示一个真正的反斜线,它不会再和后面的字母 t 和 n 组合起来表示其他含义。不过,这种写法很麻烦,每次都要写两个反斜线，这个时候，原始字符串就派上用场了。

原始字符串就是在字符串前面加一个 r 而已：

```
>>> wpath = r'C:\temp\newdir'
>>> print(wpath)
C:\temp\newdir
```

有了原始字符串，路径看上去就真的是一个 Windows 路径了，不再显得那么奇怪。那么，原始字符串是怎么办到的呢？print 打印出来的内容是方便给人看的，如果不用 print，则 Python 交互解释器就会显示出它在内部存储的真正的样子：

```
>>> wpath
'C:\\temp\\newdir'
```

原来是加上 r 后，Python 自动把一个反斜线变成两个了！

2.3 列表

2.3.1 定义列表

列表使用一对方括号[ ]来定义。可以把列表当成普通的"数组"使用，但是列表中的元素可以是任意类型的：

```
>>> alist = [1, 2, "hello", "world", [100, 200]]
>>> print(alist)
[1, 2, 'hello', 'world', [100, 200]]
```

列表的各个元素之间使用逗号进行分隔，alist 列表中共有 5 个元素，前两个元素是整数，接下来的两个元素是字符串，最后一个元素是一个列表。

还可以通过 list()工厂函数创建列表：

```
>>> list()
[]
>>> list('hello')
['h', 'e', 'l', 'l', 'o']
```

list()函数接收一个可迭代对象作为参数,将可迭代对象中的每一个元素都转换为列表的元素。字符串的元素是字符,所以第二个例子得到的列表中,每一项都是一个字符。

2.3.2 列表切片

与字符串类似,列表可以通过下标取出数据,也可以通过切片操作符取出一部分元素,用法完全一样。需要注意的是,通过下标取出的是单个元素,而通过切片得到的结果还是一个列表:

```
>>> alist[2]
'hello'
>>> alist[1:3]
[2, 'hello']
```

通过下标能够修改对应的值:

```
>>> alist[0] = 10
>>> print(alist)
[10, 2, 'hello', 'world', [100, 200]]
```

通过切片可以修改或增加多个值:

```
>>> alist[3:] = ['name', 'age', 'email']
>>> print(alist)
[10, 2, 'hello', 'name', 'age', 'email']
>>> alist[1:1] = ['example', 'cn']
>>> print(alist)
[10, 'example', 'cn', 2, 'hello', 'name', 'age', 'email']
```

2.3.3 列表方法

➢ list.append()。

append()方法用于向列表中追加元素,也就是向列表尾部添加新的元素。这是追加元素必需的方法,采用不存在的下标进行赋值只会出错,而无法实现追加的目的。如下所示:

```
>>> num_list = [20, 1, 35, 5]
>>> num_list.append(15)
```

```
>>> print(num_list)
[20, 1, 35, 5, 15]
>>> num_list[5] = 40
Traceback (most recent call last):
  File "<stdin>", line 1, in <module>
IndexError: list assignment index out of range
```

> list.insert()。

如果不是把元素追加到列表尾部,而是把它插入指定的位置,那么 insert()方法就派上用场了。它可以接收两个参数:第一个参数指定插入位置的下标,第二个参数指定要插入的元素。如下所示:

```
>>> num_list.insert(2, 40)
>>> print(num_list)
[20, 1, 40, 35, 5, 15]
```

> list.reverse()。

reverse()方法用于原地翻转列表:

```
>>> print(num_list)
[20, 1, 40, 35, 5, 15]
>>> num_list.reverse()
>>> print(num_list)
[15, 5, 35, 40, 1, 20]
```

> list.sort()。

sort()方法用于给列表排序。默认情况下采用的是升序排列,通过 reversed=True 能够实现降序排列。如下所示:

```
>>> print(num_list)
[15, 5, 35, 40, 1, 20]
>>> num_list.sort()
>>> print(num_list)
[1, 5, 15, 20, 35, 40]
>>> num_list.sort(reverse=True)
```

```
>>> print(num_list)
[40, 35, 20, 15, 5, 1]
```

> list.pop()。

pop()方法用于弹出（删除并返回）一个元素，默认弹出最后一个元素，也可以弹出给定下标对应的元素。如下所示：

```
>>> print(num_list)
[40, 35, 20, 15, 5, 1]
>>> num_list.pop()
1
>>> num_list.pop(2)
20
>>> print(num_list)
[40, 35, 15, 5]
```

> list.remove()。

remove()方法用于在列表中通过值来删除一个给定的元素。如果该值出现了多次，则只会删除第一次出现的。如下所示：

```
>>> alist = [10, 1, 10, 2, 10]
>>> alist.remove(10)
>>> print(alist)
[1, 10, 2, 10]
```

> list.extend()。

extend()方法用于指向列表中追加的内容：

```
>>> alist = ['example', 'cn']
>>> alist.extend('new')
>>> print(alist)
['example', 'cn', 'n', 'e', 'w']
>>> blist = ['new', 'world']
>>> alist.extend(blist)
>>> print(alist)
```

```
['example', 'cn', 'n', 'e', 'w', 'new', 'world']
```

字符串"new"中的每一项是一个字母,共有三项,所以在 extend 的时候,就把每个字母都作为列表中的一项更新进去;而 blist 是一个列表,它有两项,每一项是一个字符串,所以在 extend 的时候,把这两个字符串作为两项更新到列表中了。

➢ list.index()。

index()方法用于获取元素第一次出现的下标:

```
>>> alist = [10,1,10,2,10]
>>> alist.index(10)
0
```

2.4 元组

2.4.1 定义元组

元组使用一对圆括号来定义。可以认为元组就是"静态"的列表,一旦定义就不能改变,即:不能修改元组内的元素,不能删除元组内的元素,也不能向元组添加新的元素。如下所示:

```
>>> atuple = (10, 20, 30)
>>> atuple[0] = 1
Traceback (most recent call last):
  File "<stdin>", line 1, in <module>
TypeError: 'tuple' object does not support item assignment
```

元组支持通过下标取值、使用切片运算符提取一部分元素。使用方法与列表完全一样。

2.4.2 单元素元组注意事项

如果元组中只有一个元素,则定义时必须加上一个逗号,否则创建出来的对象并不是元组类型。如下所示:

```
>>> a = (10)
>>> print(a)
10
>>> type(a)
<class 'int'>
>>> b = (10,)
>>> print(b)
(10,)
>>> type(b)
<class 'tuple'>
```

2.5 字典

2.5.1 定义字典

字典通过一对花括号{}来定义。字典是由键值对构成的映射数据类型。只能通过字典的键去取对应的值，不能像字符串、列表和元组那样取切片：

```
>>> adict = {'name': 'zzg', 'age': 22}
>>> print(adict['name'])
zzg
```

2.5.2 更新字典内容

更新字典非常简单，直接通过字典的键（Key）赋值即可：

```
>>> adict['age'] = 25
>>> adict['phone'] = '15044556677'
>>> print(adict)
{'phone': '15044556677', 'age': 25, 'name': 'zzg'}
```

如果使用的键已经在字典中，则会把相应的值（Value）改掉；如果键不在字典中，则会向字典增加新的元素。

2.5.3 字典方法

➢ dict.fromkeys()。

fromkeys()方法用于创建具有相同默认值的字典：

```
>>> stu_dict = {}.fromkeys(['bob', 'tom', 'alice'], 7)
>>> print(stu_dict)
{'bob': 7, 'alice': 7, 'tom': 7}
```

- ➤ dict.keys()。

keys()方法返回字典所有的键：

```
>>> adict.keys()
dict_keys(['phone', 'age', 'name'])
```

- ➤ dict.values()。

values()方法返回字典所有的值：

```
>>> adict.values()
dict_values(['15044556677', 25, 'zzg'])
```

- ➤ dict.items()。

items()方法返回字典键值对：

```
>>> adict.items()
dict_items([('phone', '15044556677'), ('age', 25), ('name', 'zzg')])
```

- ➤ dict.pop()。

pop()方法用于根据字典的键弹出元素：

```
>>> adict.pop('phone')
'15044556677'
>>> print(adict)
{'age': 25, 'name': 'zzg'}
```

- ➤ dict.get()。

get()方法用于通过字典的键取值。如果字典中有该键，则返回对应的值，否则返回None（None 等同于其他语言里的 Null，空值）。也可以指定返回值，如果键不在字典中，则返回指定的值。如下所示：

```
>>> print(adict)
```

```
{'age': 25, 'name': 'zzg'}
>>> print(adict.get('age'))
25
>>> print(adict.get('email'))
None
>>> print(adict.get('email', 'not found!'))
not found!
```

➢ dict.setdefault()。

setdefault()方法用于向字典添加新的元素。如果字典中已经有键,那么添加会失败,同时返回字典中键对应的值:

```
>>> print(adict)
{'age': 25, 'name': 'zzg'}
>>> adict.setdefault('age', 20)
25
>>> adict.setdefault('email', 'zzg@example.cn')
'zzg@example.cn'
>>> print(adict)
{'age': 25, 'name': 'zzg', 'email': 'zzg@example.cn'}
```

➢ dict.update()。

update()方法用于字典的合并:

```
>>> adict = {'name': 'bob', 'age': 22}
>>> bdict = {'email': 'zzg@example.cn', 'phone': '15044556677'}
>>> adict.update(bdict)
>>> print(adict)
{'phone': '15044556677', 'age': 22, 'name': 'bob', 'email': 'zzg@example.cn'}
```

2.6 数据类型比较

准确无误地使用各种类型的数据,需要对数据类型有更为深入地理解。只有弄清楚数据背后的原理才能减少错误。

2.6.1 数据存储模型

按照数据的存储模型分类，前面介绍的 5 种数据类型可以分为以下两大类。

- ➢ 标量类型：数字、字符串。
- ➢ 容器类型：列表、元组、字典。

容器类型指该对象内的元素可以是其他类型的数据。列表、元组和字典的元素可以是任意对象。

标量对象内部就不能再包含其他数据对象了。有时候，字符串看上去似乎是容器类型，例如：

```
>>> astr = "a[10, 20]b"
>>> print(astr)
a[10, 20]b
```

但是，实际上字符串是无法包含其他对象的。在上面的例子中，astr 字符串内部只是有一部分模样像列表的字符而已，并不是真正的列表。这就相当于，你进入了一个手机卖场，看见了一部漂亮的手机，拿起来把玩一下的时候，才发现它是个手机模型。手机模型像手机，但不是真正的手机，不能拨打电话，不能发信息，不能上网。同样，在字符串中出现的像数字、列表一样的内容，只是像数字和列表，但它们仍然是字符。

2.6.2 数据更新模型

按照数据的更新模型分类，前面介绍的 5 种数据类型可以分为以下两大类。

- ➢ 可变类型：列表、字典。
- ➢ 不可变类型：字符串、数字、元组。

可变类型，可以"原地"修改数据，而不可变类型则不可以。在前面知识的介绍部分，列表支持增删改操作，而想要直接修改字符串的一部分就无法实现了。如下所示：

```
>>> py_str = 'Python'
>>> py_str[0] = 'p'
```

```
Traceback (most recent call last):
  File "<stdin>", line 1, in <module>
TypeError: 'str' object does not support item assignment
```

上面的例子是想把字符串中的第一个大写字母改为相应的小写字母,由于字符串是不可变类型,所以导致操作失败。

如果真的想"改变"不可变对象,则只能重新赋值:

```
>>> print(py_str)
Python
>>> py_str = 'python'
>>> print(py_str)
python
```

将"改变"这两个字加上双引号,是因为本质上并没有真正改变它。怎么理解呢?在 Python 中,变量赋值是通过引用实现的,创建一个对象相当于在内存中开辟一个空间,存储了该对象。不可变对象指开辟的这段内存空间不支持更新,但是可以重新开辟新的空间啊!

可以想象有一个盒子存储着字符串,变量名指向了这个盒子,盒子的内容是无法改变的,但是可以让变量名指向新的盒子。

使用可变对象,有些时候也要特别小心:

```
>>> alist = [10, 20]
>>> blist = alist
>>> print(alist)
[10, 20]
>>> print(blist)
[10, 20]
>>> blist.append(30)
>>> print(blist)
[10, 20, 30]
>>> print(alist)
[10, 20, 30]
```

在上面的例子中，将 alist 赋值给 blist，修改其中的任何一个列表，另一个列表都会受到影响，因为两个列表本质上引用了相同的对象。通过 id()函数能够观察到效果：

```
>>> id(alist)
32545392
>>> id(blist)
32545392
```

id()函数的输出数字，可以理解为内存地址。两个列表引用了同一个内存地址，列表又是可变对象，改变列表是"原地"修改，这样就明白了。

如果希望复制列表内容，而两个列表又不相互干扰，该怎么办呢？如下所示：

```
>>> print(alist)
[10, 20, 30]
>>> clist = alist[:]
>>> clist.append(40)
>>> print(alist)
[10, 20, 30]
>>> print(clist)
[10, 20, 30, 40]
```

上面的解决办法是通过切片操作符将列表内容取出后赋值给 clist。这样操作实现了新建一个列表对象，而不是为原始列表增加一个引用。如下所示：

```
>>> id(alist)
32545392
>>> id(clist)
32631912
```

现在两个列表的地址就是不一样的了。

另外，列表还有一个 copy()方法可以实现同样的功能：

```
>>> dlist = alist.copy()
```

现在 dlist 的内容与 alist 的一样，但是它使用了不同的地址空间。更新 dlist，不会影响 alist 列表。

最后，需要说明的是，字典的键只能使用不可变对象。如果使用可变对象，将会出现 TypeError 错误：

```
>>> adict = {[1,2]: 'cat'}
Traceback (most recent call last):
  File "<stdin>", line 1, in <module>
TypeError: unhashable type: 'list'
>>>
```

2.6.3 数据访问模型

按照数据的访问模型分类，前面介绍的 5 种数据类型可以分为以下三大类。

➢ 直接访问：数字。

➢ 顺序访问：字符串、列表、元组。

➢ 映射访问：字典。

现在明白为什么字符串、列表和元组都支持切片了吧，它们都是序列类型，可以取出第几个元素，或取出从第几到第几个元素。

字典不是序列类型，在创建字典的时候，输入的顺序和显示出来的顺序很可能是不一样的。因为它本来就没有顺序，访问字典元素的值应该通过键。

2.7 相关操作

2.7.1 获取对象"长度"

除数字对象外，其他数据对象都支持通过内建函数 len() 求长度。字符串的长度是字符串中字符的数量；列表、元组和字典的元素由逗号分隔，长度是其包含的元素数量。如下所示：

```
>>> len('hello')
5
>>> len([10, 20, "hello", 30])
4
```

```
>>> len({'name': 'bob', 'age': 22})
2
```

2.7.2 成员关系判定

in 和 not in 用作成员关系判定。每种数据对象的用法稍有不同：

```
>>> py_str = 'Python'
>>> 't' in py_str
True
>>> 'th' in py_str
True
>>> 'to' in py_str
False
```

单个字符和子串存在字符串中则返回 True，但是不连续的字符则返回 False：

```
>>> alist = ["hello", "world"]
>>> "hello" in alist
True
>>> 'o' in alist
False
```

字符串"hello"作为一个整体，是列表中的一个元素，返回 True，而列表中并没有任何元素是字母"o"，故返回 False。

元组的成员关系判定，与列表完全一样：

```
>>> adict = {'name': 'bob', 'age': 22}
>>> 'bob' in adict
False
>>> 'name' in adict
True
```

对于字典，in 是判断一个对象是不是字典的键，而不是值。

第 3 章 方 圆 之 规

"不以规矩,不能成方圆;不以六律,不能正五音。"仅有各种各样的数据和输入/输出语句是不够的,有些语句在满足某些条件时才执行,有些语句需要反复执行多次。通过判断、循环这些"方圆之规"约束代码,赋予代码以灵魂。

3.1 判断语句

3.1.1 if 基本判断语句

标准 if 条件语句的语法如下：

```
if expression:
    if_suite
```

if 是 Python 的关键字，expression 是一个条件判断表达式。当判断结果为真时，执行 if_suite 语句；如果判断结果为假，则不执行。其流程示意如图 3-1 所示。

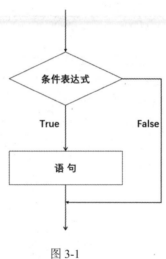

图 3-1

if_suite 前面的缩进是必须的（通常采用 4 个空格）。Python 使用缩进来表达代码归属逻辑，if 的子语句 if_suite 可以是一条语句，也可以是多条语句构成的语句块。一个语句块中的多条语句需要采用相同的缩进，如果缩进长度不同，则会产生 IndentationError 的错误。使用其他语言编写代码时，通常也会采用缩进的方式，但是在那些语言中，缩进只是为了美观和更好的可读性。Python 语句缩进表达的是代码逻辑关系。

提到 expression 表达式，通常立即会想到的是比较操作。例如：

```
>>> if 10 > 3:
```

```
...    print("Yes")
...
Yes
```

值得注意的是，表达式也可以直接使用数据对象。数值不为 0 的数字以及非空的字符串、元组、列表和字典都为真值；而数值为 0 的数字以及空字符串、空元组、空列表和空字典都代表 False。空对象 None 也代表 False。如下所示：

```
>>> if 10:
...    print("Yes")
...
Yes
>>> if "hello":
...    print("Yes")
...
Yes
>>> if []:       # 空列表是 False，所以不会打印 Yes
...    print("Yes")
...
>>> if -0.0:     # -0.0 值也是 0，结果为 False，所以不会打印 Yes
...    print('Yes')
...
>>> if ' ':      # 注意，引号中有一个空格，这是一个长度为 1 的字符串
...    print('Yes')
...
Yes
>>> if not -0.0:    # not 是取反，-0.0 是 False，取反变成 True
...    print('Yes')
...
Yes
```

3.1.2　if-else 扩展判断语句

扩展 if 条件判断语句的语法如下：

```
if expression:
```

```
    if_suite
else:
    else_suite
```

如果 expression 表达式的结果为真,则执行 if_suite 语句块,否则执行 else_suite 语句块。其流程示意如图 3-2 所示。

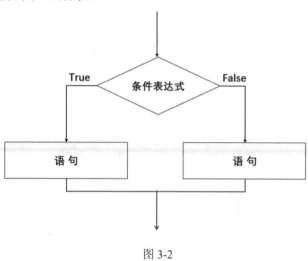

图 3-2

例如判断 work 是否在列表中:

```
>>> alist = ["hello", "world"]
>>> if 'work' in alist:
...     print('yes')
... else:
...     print('no')
...
no
```

3.1.3 if-elif-else 多分支判断语句

多分支结构的判断语句的语法如下:

```
if expression1:
    if_suite
elif expression2:
```

```
        elif_suite
   ……
   elif expressionN:
        elif_suite
   else:
        else_suite
```

多分支判断语句只要匹配了一个条件，相应的语句块就会被执行，其他判断条件被忽略掉，也就是多个分支只有一个分支的语句块会被执行。

多分支流程示意如图 3-3 所示。

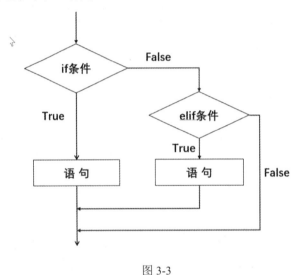

图 3-3

在其他语言中，多分支结构可以使用 case 或 switch 语句来替代。Python 没有这样的语法结构，但是它有更优雅的表示方式，在后面的章节中将会详细介绍。

3.1.4　利用条件表达式简化判断语句

Python 在很长一段时间里没有条件表达式（C?X:Y），或称三元运算符，因为范·罗萨姆一直拒绝加入这样的功能。直到 Python 2.5，才有了条件表达式，语法确定如下：

```
   X if C else Y
```

例如取出两个数字中较大的一个值：

```
>>> x = 10
>>> y = 20
>>> greater = x if x > y else y
>>> print(greater)
20
```

以上代码常规的写法如下:

```
>>> x = 10
>>> y = 20
>>> if x > y:
...     greater = x
... else:
...     greater = y
...
>>> print(greater)
20
```

3.1.5 应用案例:根据分数进行成绩分级

- 要求用户输入 0 到 100 之间的数字。
- 如果成绩大于 60 分,则输出"及格"。
- 如果成绩大于 70 分,则输出"良"。
- 如果成绩大于 80 分,则输出"好"。
- 如果成绩大于 90 分,则输出"优秀"。
- 否则输出"你要努力了"。

分析:要求用户输入成绩,通过 input()函数读入用户数据。注意 input()函数读入的数据都是以字符串的形式存在的,如果将字符串与数字进行比较,将会出现错误。如下所示:

```
>>> score = input('分数: ')
分数: 20
>>> score > 100
```

```
Traceback (most recent call last):
  File "<stdin>", line 1, in <module>
TypeError: '>' not supported between instances of 'str' and 'int'
```

为了得到正确的比较结果,需要将用户输入的字符转换成相应的整数。使用内建函数int()可以实现这个转换:

```
>>> score = int(input('分数: '))
分数: 20
>>> score > 100
False
```

编写代码的时候要注意分析。如果按照题目的顺序,读入分数后先判断是否大于60,那么用户输入100也大于60分,将会输出"及格"。所以应该先判断成绩是否大于90分。

创建名为grade.py的文件,写入以下代码:

```
[root@localhost untitled]# vim grade.py
score = int(input('分数: '))

if score >= 90:
    print('优秀')
elif score >= 80:
    print('好')
elif score >= 70:
    print('良')
elif score >= 60:
    print('及格')
else:
    print('你要努力了')
```

执行结果如下:

```
[root@localhost untitled]# python3 grade.py
分数: 70
良
```

```
[root@localhost untitled]# python3 grade.py
分数：93
优秀
```

不同的程序代码能够达到相同的结果，这和程序员的思路有关。如果不采用上面的写法，也可以用分数区间来判断用户的成绩等级。下面展示了该例子的另一种写法：

```
[root@localhost untitled]# vim grade.py
score = int(input('分数：'))

if score >= 60 and score < 70:
    print('及格')
elif 70 <= score < 80:     # 也可以将 and 条件改为连续比较
    print('良')
elif 80 <= score < 90:
    print('好')
elif score >= 90:
    print('优秀')
else:
    print('你要努力了')
```

3.1.6 应用案例：编写石头剪刀布人机交互小游戏

- ➢ 计算机随机出拳。
- ➢ 用户通过键盘输入出拳。
- ➢ 自动判断输赢。

分析：用户出拳可以让用户在键盘上输入。计算机随机出拳该怎么做呢？实际上也很简单。Python 拥有数量庞大的模块，这些模块已经实现了我们希望的功能。随机选择就可以调用 random 模块中的 choice()方法。random.choice()方法接收一个序列对象，随机取出序列对象中的一项并返回。如下所示：

```
>>> import random                    # 使用 import 关键字导入模块
>>> random.choice('abcd')            # 从字符串中随机选出一个字符
'b'
```

```
>>> random.choice('abcde')
'e'
>>> random.choice(['石头', '剪刀', '布'])    # 从列表中随机选出一个项目
'布'
>>> random.choice(['石头', '剪刀', '布'])
'剪刀'
```

得到了人机的选择后，就可以判断输赢了。非常直接的一个想法是，人有 3 种选择（假设用户只会使用这 3 种情况），可以写出以下代码：

```
player = input('请出拳(石头/剪刀/布): ')
if player == '石头':
    ... ...
elif player == '剪刀':
    ... ...
else:
    ... ...
```

无论人出的拳是什么，计算机也有 3 种选择，将这 3 种选择分别放到人的选择下面。完整代码如下：

```
[root@localhost untitled]# vim game.py
import random

all_choices = ['石头', '剪刀', '布']
computer = random.choice(all_choices)
player = input('请出拳(石头/剪刀/布): ')

print("Your choice: %s, Computer's choice: %s" % (player, computer))
if player == '石头':
    if computer == '石头':
        print('平局')
    elif computer == '剪刀':
        print('You WIN!!!')
    else:
        print('You LOSE!!!')
elif player == '剪刀':
```

```
            if computer == '石头':
                print('You LOSE!!!')
            elif computer == '剪刀':
                print('平局')
            else:
                print('You WIN!!!')
        else:
            if computer == '石头':
                print('You WIN!!!')
            elif computer == '剪刀':
                print('You LOSE!!!')
            else:
                print('平局')
```

运行结果如下：

```
[root@localhost untitled]# python3 game.py
请出拳(石头/剪刀/布)：剪刀
Your choice: 剪刀, Computer's choice: 布
You WIN!!!
```

代码改进：程序运行时，用户需要输入的是中文，这给用户带来了很大不便。如果用户输入的是数字，则用户运行程序的成本就小多了。我们已经将可以使用的选项放到了 all_choice 列表中，列表中的 3 个项目，下标是 0、1、2，可以通过用户输入的下标取出对应的选项。这里需要再次强调，input()函数读入的数据都是字符类型的，数字需要使用 int()函数进行转换。

我们希望在屏幕上出现一个菜单，这个菜单共占 4 行。如果将这 4 行文字写在 input()函数的括号中，代码看上去将会非常凌乱，常规的做法是把这 4 行文字提前定义成一个变量。

最后，判断输赢时，人机选择一致是平局，人赢得比赛共有 3 种情况，其他的都是输。那么可以先将人赢的情况定义出来，当人机选择的结果是预定义中的就是胜利。人机出拳不一致，又不是提前定义的赢的情况，那一定就是输了。代码如下所示：

```
[root@localhost untitled]# vim game2.py
import random
```

```
all_choices = ['石头', '剪刀', '布']
win_list = [['石头', '剪刀'], ['剪刀', '布'], ['布', '石头']]
prompt = """(0) 石头
(1) 剪刀
(2) 布
请选择(0/1/2)："""
computer = random.choice(all_choices)
ind = int(input(prompt))                 # 将字符形式的数字转换成整数
player = all_choices[ind]                # 取出下标ind对应的选项

print("Your choice: %s, Computer's choice: %s" % (player, computer))
if player == computer:
    print('\033[32;1m平局\033[0m']
elif [player, computer] in win_list:# 人机选择组成的小列表在win_list中
    print('\033[31;1mYou WIN!!!\033[0m')
else:
    print('\033[31;1mYou LOSE!!!\033[0m')
```

为了使运行程序看得更明显，将"平局"输出为绿色，胜负输出为红色。运行结果如下：

```
[root@localhost untitled]# python3 game2.py
(0) 石头
(1) 剪刀
(2) 布
请选择(0/1/2): 0
Your choice: 石头, Computer's choice: 石头
平局
```

> 🔔 提示：代码\033[32;1m 平局\033[0m 在输出时，显示为绿色的"平局"。30 以上的数字是前景色，40 以上的数字是背景色。例如，输出绿字红底的"平局"，写为\033[32;41;1m 平局\033[0m。1m 表示加亮显示，可以换成 2m、3m 等，实现倾斜、下画线等效果。最后的\033[0m 是关闭颜色，如果没有这个部分，则"平局"后面文字的颜色也会跟着变化。

3.2 while 循环语句

3.2.1 基础语法结构

基本的 while 语句结构如下：

```
while expression:
    while_suite
```

expression 的判断条件与 if 的判断条件完全一样。当判断结果为真时，执行 while_suite 语句块，接下来再次判断循环条件，如果为真，则继续执行 while_suite 语句块。当判断条件为假时，循环体内的语句块不再执行。

循环流程示意如图 3-4 所示。

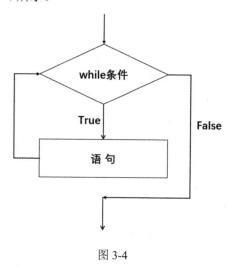

图 3-4

3.2.2 应用案例：从 1 累加到 100

分析：计算 100 以内所有数字之和，需要把结果保存到一个名为 result 的变量中。为了使得这个变量不影响到计算结果，它的初值设置为 0。

然后创建一个计数器 counter，初值为 1，把这个值累加到 result 中：

```
>>> result = 0
```

```
>>> counter = 1
>>> result += counter      # result 现在的值为 1
```

接下来把 counter 的值增加 1，变成 2，再把 2 累加到 result 中：

```
>>> counter += 1           # counter 现在的值为 2
>>> result += counter      # result 现在的值为 3
```

以上两条语句反复执行，直到 counter 的值变成 100，正确答案是 5050。完整代码如下：

```
[root@myvm untitled]# vim sum100.py
result = 0
counter = 1

while counter < 101:
    result += counter
    counter += 1

print(result)

[root@myvm untitled]    # python3 sum100.py
5050
```

3.2.3 应用案例：猜数

➤ 随机生成一个 10 以内的整数。

➤ 用户猜数，猜得不对则提示用户猜大了还是猜小了，用户继续猜。

➤ 猜对了，则提示用户猜对了，程序结束。

分析：生成 1 到 10 之间的整数（包括 1 和 10），可以通过 random 模块的 randint() 方法。也不知道用户猜多少次能得到正确答案，可以设置一个变量 running，其值为 True，将这个变量作为循环条件。当用户猜对时，把 running 的值赋值为 False 即可。完整代码如下：

```
[root@myvm untitled]# vim guess.py
```

```
import random

num = random.randint(1, 10)
running = True

while running:
    answer = int(input('guess the number: '))
    if answer > num:
        print('猜大了')
    elif answer < num:
        print('猜小了')
    else:
        print('猜对了')
        running = False
```

3.2.4 应用案例：三局两胜的石头剪刀布游戏

前一节编写了一个简单的猜拳游戏，每次执行都只能出拳一次。无论是什么结果，都要重新运行程序才能再进行猜拳。下面我们把它改成三局两胜制。

分析：三局两胜实际上并不是循环三次，如果游戏双方猜了5次，全部是平局，没有胜出者，则游戏还需要继续进行下去。

我们在看体育比赛时，如足球、篮球、乒乓球等，比赛的双方都有一个记分牌，哪方赢得一球就把相应的积分增加。在这个案例中，我们也可以为人机各设置一个记分牌。当人机得分都小于2的时候，继续出拳，否则结束游戏。完整代码如下：

```
[root@myvm untitled]# vim game2.py
import random

all_choices = ['石头', '剪刀', '布']
win_list = [['石头', '剪刀'], ['剪刀', '布'], ['布', '石头']]
prompt = """(0) 石头
(1) 剪刀
(2) 布
请选择(0/1/2)："""
```

```
pwin = 0       # 人胜利的计数器
cwin = 0       # 机器胜利的计数器

while pwin < 2 and cwin <2:
    computer = random.choice(all_choices)
    ind = int(input(prompt))
    player = all_choices[ind]

    print("Your choice: %s, Computer's choice: %s" % (player, computer))
    if player == computer:
        print('\033[32;1m平局\033[0m')
    elif [player, computer] in win_list:
        pwin += 1
        print('\033[31;1mYou WIN!!!\033[0m')
    else:
        cwin += 1
        print('\033[31;1mYou LOSE!!!\033[0m')
```

3.2.5 通过 break 语句中断循环

break 语句的语法结构如下：

```
while expression:
    while_suite1
    break
    while_suite2
```

break 语句一旦执行，break 下面的循环体内代码（while_suite2）将不再执行。如果 while 循环后面仍然有代码，则程序将继续向下执行。

应用案例：用户只有输入 n 或 N，程序才结束。代码如下：

```
while True:                          # 循环条件永远为真
    yn = input('Continue(y/n): ')
    if yn in ['n', 'N']:             # yn 的值是字母 n 或 N，中断循环
        break
    else:
        print('running...')
```

在上面代码的 if-else 语句中，else 这条语句是多余的。如果 yn 的值是 n，那么执行 break 语句，后面代码跳过，循环结束；如果 yn 的值不是 n 或 N，print 语句也会执行。所以代码可以改成以下形式：

```
while True:
    yn = input('Continue(y/n): ')
    if yn in ['n', 'N']:
        break
    print('running...')
```

3.2.6 通过 continue 语句跳过本次循环

continue 语句的语法结构如下：

```
while expression:
    while_suite1
    continue
    while_suite2
```

循环一旦遇到 continue 语句，它后面循环体内的代码（while_suite2）将会被跳过，不再执行。与 break 不一样的是，break 执行后循环就结束了，而 continue 会返回到判断条件处，如果判断条件为真，则循环体内的语句块仍然继续执行。

3.2.7 应用案例：计算 100 以内所有的偶数之和

分析：本例与前面的计算 100 以内所有整数之和类似，只要把奇数跳过即可。

完整代码如下：

```
[root@myvm untitled]# vim sum2.py
sum100 = 0
counter = 0

while counter < 100:
    counter += 1     # 注意，每次循环计数器的值都需要有机会增加
    if counter % 2 == 1:
        continue
```

```
        else:
            sum100 += counter

print(sum100)

[root@myvm untitled]# python3 sum2.py
2550
```

在上面代码的 if-else 语句中，else 仍然是多余的。如果 counter 除以 2 的余数是 1，则执行 continue 语句，累加语句会被跳过。如果 counter 除以 2 的余数是 0，则判断条件为 False，不会执行 continue 语句，程序自然会执行到累加。

另外，counter % 2 的值只有两种可能：0 或 1。0 可以代表 False，1 可以代表 True。所以 counter % 2 == 0 可以简化为 counter % 2。修改后的代码如下：

```
[root@myvm untitled]# vim sum3.py
sum100 = 0
counter = 0

while counter < 100:
    counter += 1
    if counter % 2:
        continue
    sum100 += counter

print(sum100)

[root@myvm untitled]# python3 sum3.py
2550
```

3.2.8　循环正常结束后执行 else 语句中的代码

在 Python 中，不仅 if 有 else 子句，循环也有 else 子句。只有循环体正常结束才会执行 else 子句，如果循环是被 break 语句中断的，则 else 子句不会执行。语法结构如下：

```
while expression:
```

```
while_suite
else:
    else_suite
```

3.2.9 应用案例：有限次数的猜数

➢ 随机生成一个 100 以内的整数。

➢ 用户猜数，猜得不对则提示用户猜大了还是猜小了，用户继续猜。

➢ 猜对了，则提示用户猜对了，程序结束。

➢ 当用户 5 次全部猜错时，告诉用户正确答案。

➢ 用户在 5 次以内猜对了，就不要输出正确答案了。

分析：设置一个计数器，记录用户猜测的次数。如果用户猜对了，则执行 break 语句，结束程序。为循环增加 else 语句，当用户猜错 5 次时，循环条件不再为 True，else 语句将会执行，输出正确答案。代码如下：

```
[root@myvm untitled]# vim guess2.py
import random

num = random.randint(1, 100)
counter = 0

while counter < 5:
    answer = int(input('guess the number: '))
    if answer > num:
        print('猜大了')
    elif answer < num:
        print('猜小了')
    else:
        print('猜对了')
        break
    counter += 1
else:   # 循环被 break 就不执行了，没有被 break 才执行
    print('the number is:', num)
```

3.3 for 循环语句

while 循环也能实现 for 循环语句的作用。通常，在循环次数未知的情况下，采用 while 循环；而循环次数是可以预见的时，就用 for 循环。

3.3.1 基础语法结构

基本的 for 循环语法结构如下：

```
for iter_var in iterable:
    suite_to_repeat
```

for 循环接收一个可迭代对象（如字符串、列表、元组等）作为取值对象，每次都迭代其中一个元素。for 循环的流程示意如图 3-5 所示。

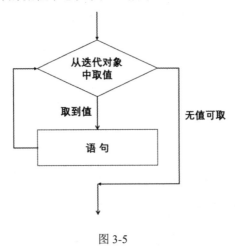

图 3-5

前面章节所提到的字符串、列表、元组、字典都可以通过 for 循环遍历：

```
>>> astr = 'Hello'
>>> for ch in astr:
...     print(ch)
...
H
e
```

```
1
1
o
>>> alist = ['example', 'zzg']
>>> for name in alist:
...     print(name)
...
example
zzg
>>> atuple = (10, 20, 30)
>>> for num in atuple:
...     print(num)
...
10
20
30
>>> adict = {'name': 'zzg', 'gender': 'male'}
>>> for key in adict:
...     print('%s: %s' % (key, adict[key]))
...
name: zzg
gender: male
```

3.3.2 通过 range()函数生成数字

有些时候，并不打算在一个序列中取出什么，只是需要做几次循环。这个时候，range()函数就派上用场了。range()函数最多接收 3 个参数，分别表示起始值、结束值和步长值。如果只给定一个参数，则表示结束值，起始值默认为 0，步长值默认为 1。

```
>>> range(10)
range(0, 10)
```

range(10)返回了一个 range 对象，它潜在可以出现 0 到 9 共 10 个数字。我们通过 list()函数转换一下看看：

```
>>> list(range(10))
```

```
[0, 1, 2, 3, 4, 5, 6, 7, 8, 9]
```

range()函数只是返回了一个对象，并不直接返回列表。当我们向它取值时，它仍然可以将相应的数值源源不断地提供给我们：

```
>>> for i in range(3):
...     print(i)
...
0
1
2
```

试想一下，如果需要 1 000 万个数字，range(10000000)只是返回一个对象，当使用它时，可以得到相应的数字，当不使用它时，又不占用太多空间。如果直接生成列表，1 000 万个数字的列表，将会占据很大一段内存空间。这样就明白了吧。

range()函数用法及可以生成的数字如下所示：

```
>>> list(range(10))
[0, 1, 2, 3, 4, 5, 6, 7, 8, 9]
>>> list(range(6, 11))
[6, 7, 8, 9, 10]
>>> list(range(1, 11, 2))
[1, 3, 5, 7, 9]
>>> list(range(2, 11, 2))
[2, 4, 6, 8, 10]
>>> list(range(10, 0, -1))
[10, 9, 8, 7, 6, 5, 4, 3, 2, 1]
```

遍历一个对象时，如果想同时得到下标和下标对应的元素，则可以采用以下方法：

```
>>> names = ['bob', 'tom', 'alice']
>>> for ind in range(len(names)):
...     print('%s: %s' % (ind, names[ind]))
...
0: bob
1: tom
```

```
2: alice
```

前面提到,如果循环次数是已知的,则应该使用 for 循环,所以从 1 累加到 100 的代码,使用 for 循环会更加简化:

```
[root@myvm untitled]# vim sum4.py
result = 0
for i in range(1, 101):
    result += i

print(result)

[root@myvm untitled]# python3 sum4.py
5050
```

3.4 列表解析

列表解析是一个非常有用、简单而且灵活的工具,可以用来动态地创建列表。语法结构如下:

```
[expr for iter_var in iterable]
```

expr 是一个表达式,其计算结果将被保存在列表中,而该表达式计算的次数取决于后面的 for 循环。

最简单的表达式是一个常量,例如:

```
>>> [10 for i in range(5)]
[10, 10, 10, 10, 10]
```

也可以稍加变化:

```
>>> [10 + 5 for i in range(5)]
[15, 15, 15, 15, 15]
```

表达式也可以使用 for 循环的变量：

```
>>> [10 + i for i in range(1, 11)]
[11, 12, 13, 14, 15, 16, 17, 18, 19, 20]
```

列表解析还可以用一个 if 语句作为过滤条件：

```
>>> [10 + i for i in range(1, 11) if i % 2 == 1]
[11, 13, 15, 17, 19]
```

当然，判断条件可以是数字，0 表示 False，非 0 表示 True：

```
>>> [10 + i for i in range(1, 11) if i % 2]
[11, 13, 15, 17, 19]
```

获取 192.168.1.0/24 网段中所有的 IP 地址：

```
>>> ['192.168.1.' + str(i) for i in range(1, 255)]
```

3.5 常用内建函数

序列对象（字符串、列表、元组）常常需要涉及排序等操作。Python 提前为我们准备好了一些内建函数，来专门实现这些功能。

➢ reversed()：翻转。

```
>>> hi = 'hello'
>>> reversed(hi)              # 返回的是一个 reversed 对象
<reversed object at 0x7f0254d25a58>
>>> ''.join(reversed(hi))     # 用空串拼接，得到翻转后的字符串
'olleh'
>>> from random import randint
>>> num_list = [randint(1, 100) for i in range(5)]  # 生成 5 个数字的列表
>>> print(num_list)
[97, 64, 68, 39, 57]
>>> list(reversed(num_list))  # 将翻转后的对象转换成列表
[57, 39, 68, 64, 97]
```

➢ sorted()：排序。

```
>>> hi = 'hello'
>>> sorted(hi)
['e', 'h', 'l', 'l', 'o']
>>> from random import randint
>>> num_list = [randint(1, 100) for i in range(5)]
>>> sorted(num_list)
[9, 10, 49, 94, 100]
```

➢ enumerate()：同时得到下标和元素。

```
>>> from random import randint
>>> num_list = [randint(1, 100) for i in range(5)]
>>> enumerate(num_list)              # 返回 enumerate 对象
<enumerate object at 0x7fbaecf2d9d8>
>>> list(enumerate(num_list))
[(0, 90), (1, 15), (2, 59), (3, 97), (4, 29)]
>>> for item in enumerate(num_list):  # 直接遍历，不用转换成列表
...     print(item)
...
(0, 90)
(1, 15)
(2, 59)
(3, 97)
(4, 29)
>>> for ind, num in enumerate(num_list):    # 将下标和值分别赋值
...     print(ind, num)
...
0 90
1 15
2 59
3 97
4 29
```

3.6 综合运用

3.6.1 应用案例：九九乘法表

分析：九九乘法表是我们非常熟悉的。输出的形式如下：

```
1×1=1
1×2=2  2×2=4
1×3=3  2×3=6  3×3=9
...
```

可是，如何能用编程的方法把它输出呢？初学编程，首先要把基础语法牢记在心，不要让语法成为阻碍，然后要建立起编程的思路。当前这个案例，如果一时没有思路，可以一步一步来。首先，不要试图一步到位，先打印出 3 行 Hello 试试：

```
>>> for i in range(3):
...     print('Hello')
...
Hello
Hello
Hello
```

然后，每一行试着打印 3 个 Hello。目前只有一个循环，每次循环都有一个打印语句，如果每次循环中再嵌套一个循环，问题不就解决了吗？

```
>>> for i in range(3):
...     for j in range(3):
...         print('Hello')
...
Hello
Hello
Hello
...
```

然而结果是 9 行，每行有一个 Hello。原因是 print() 函数默认在输出结束时要打印一个回车，可以通过 print() 函数的 end 参数自定义结束时要打印什么。这里，我们用空格字符串替换默认的回车：

```
>>> for i in range(3):
...     for j in range(3):
...         print('Hello', end=' ')
...
Hello Hello Hello Hello Hello Hello Hello Hello Hello >>>
```

由于 print() 函数不再打印回车，所有的 Hello 成为一行。那么，只要内层循环每次结束时，打印一个回车就可以了。所以，外层循环每循环一次都打印 3 个 Hello 和一个回车，代码如下：

```
>>> for i in range(3):
...     for j in range(3):
...         print('Hello', end=' ')
...     print()      # print()默认直接打印回车
...
Hello Hello Hello
Hello Hello Hello
Hello Hello Hello
```

现在，基本的形状已经出现了，再把它打印成三角形。第 1 行打印 1 个 Hello，第 2 行打印 2 个 Hello，第 *i* 行打印 *i* 个 Hello……由此可见，内层循环的次数是由外层循环执行到第几次决定的，那么，就有了以下代码：

```
>>> for i in range(3):
...     for j in range(i + 1):      # 需要把i的值加1，否则循环次数不够
...         print('Hello', end=' ')
...     print()
...
Hello
Hello Hello
Hello Hello Hello
```

最后，只要把 Hello 换成数字，循环起始值从 1 开始就可以了：

```
>>> for i in range(1, 10):
...     for j in range(1, i + 1):
...         print('%s×%s=%s' % (j, i, i * j), end=' ')
...     print()
...
1×1=1
1×2=2 2×2=4
1×3=3 2×3=6 3×3=9
1×4=4 2×4=8 3×4=12 4×4=16
1×5=5 2×5=10 3×5=15 4×5=20 5×5=25
1×6=6 2×6=12 3×6=18 4×6=24 5×6=30 6×6=36
1×7=7 2×7=14 3×7=21 4×7=28 5×7=35 6×7=42 7×7=49
1×8=8 2×8=16 3×8=24 4×8=32 5×8=40 6×8=48 7×8=56 8×8=64
1×9=9 2×9=18 3×9=27 4×9=36 5×9=45 6×9=54 7×9=63 8×9=72 9×9=81
```

3.6.2 应用案例：斐波那契数列

斐波那契数列的结构是：0、1、1、2、3、5、8、…。也就是数列中的每个数字是前两个数字之和。

分析：斐波那契数列的解法非常多，我们这里使用列表和循环来完成。当程序运行时，将生成的内容保存下来，列表是非常合适的数据类型，因为列表是容器类型，可以存储很多数字。另外，它是可变的，可以不断地向列表追加数字。

由于斐波那契数列的后一项总是前两项之和，所以就要求一开始有两个数字。我们将其初值设置为 fib = [0, 1]，然后再把这两项的值相加追加到列表中。列表的变化依次是[0, 1, 1]、[0, 1, 1, 2]、[0, 1, 1, 2, 3]、…。注意观察，可以发现规律是总将列表的最后两项相加，再追加到列表中，列表最后两个数字的下标是-1 和-2。这样，生成 10 个数字长度的斐波那契数列，其最终代码是这样的：

```
[root@localhost untitled]# vim fibs.py
fib = [0, 1]

for i in range(8):
```

```
        fib.append(fib[-1] + fib[-2])

    print(fib)

[root@localhost untitled]# python3 fibs.py
[0, 1, 1, 2, 3, 5, 8, 13, 21, 34]
```

需要生成随机字符的个数还可以由用户指定：

```
[root@localhost untitled]# vim fibs.py
fib = [0, 1]

length = int(input("数列长度："))
for i in range(length - 2):         # 因为 fib 数列中已有 2 个初值
    fib.append(fib[-1] + fib[-2])

print(fib)

[root@localhost untitled]# python3 fibs.py
数列长度：15
[0, 1, 1, 2, 3, 5, 8, 13, 21, 34, 55, 89, 144, 233, 377]
```

3.6.3　应用案例：提取字符串

有这样的字符串——"123#%4hello*world000"，要求：

➢ 将字符串中的所有字母都取出来。

➢ 将字符串中开头的非字母字符去除。

分析：对于提取字母的要求，首先遍历所有的字符串，如果字符串是字母，就把它保存到列表中；如果要求结果仍然是字符串，再把它们拼接即可。代码如下：

```
>>> s1 = '123#%4hello*world000'
>>> slist = []
>>> for ch in s1:
...     if ch.isalpha():
...         slist.append(ch)
```

```
...
>>> print(slist)
['h', 'e', 'l', 'l', 'o', 'w', 'o', 'r', 'l', 'd']
>>> ''.join(slist)
'helloworld'
```

当然,如果你还记得列表解析,上面的内容,只要一行代码就能搞定:

```
>>> [ch for ch in s1 if ch.isalpha()]
['h', 'e', 'l', 'l', 'o', 'w', 'o', 'r', 'l', 'd']
>>> ''.join([ch for ch in s1 if ch.isalpha()])
'helloworld'
```

第二个需求是去除字符串开头的非字母字符,这个功能的实现只要找到左边第一字母的下标,然后取切片。字符串的长度用 len()函数取得,range(len(字符串))生成的数字正好是字符串的下标:

```
>>> s1 = '123#%4hello*world000'
>>> for i in range(len(s1)):
...     if s1[i].isalpha():
...         break
...
>>> print(s1[i:])
hello*world000
```

第二个需求还可以通过 enumerate 实现:

```
>>> s1 = '123#%4hello*world000'
>>> for ind, ch in enumerate(s1):
...     if ch.isalpha():
...         break
...
>>> print(s1[ind:])
hello*world000
```

3.6.4 应用案例:为密码或验证码生成随机字符串

在很多场合需要随机字符串,例如在网页中的登录框,往往会有随机字符串构成的验证码；在注册用户时，也可以用随机字符串作为用户的密码。

分析：随机字符串是由多个随机字符组成的，那么怎么得到随机字符呢？估计大家已经想到 random 模块的 choice() 方法了。就是这样的！我们只要先确定从哪些字符串中取字符，就可以通过 choice() 方法获取了，需要取多少个就循环几次。

其他的思路，和计算 100 以内的数字累加一样。为了把结果保存下来，定义变量 result 为空字符串。然后每次取出一个字符后，就拼接到 result 中。下面展示了取出 8 个随机字符的代码：

```
[root@myvm untitled]# vim randpass.py
import random

all_chs = 'abcdefghijklmnopqrstuvwxyz\
ABCDEFGHIJKLMNOPQRSTUVWXYZ0123456789'

result = ''
for i in range(8):
    ch = random.choice(all_chs)
    result += ch

print(result)

[root@myvm untitled]# python3 randpass.py
cJabvynP
```

注意，以上代码中，all_chs 变量的值用到了续行符\，这是因为字符串太长了，一行无法显示完整。续行符可以将一行内容写到多行。

all_chs 这个变量看起来十分笨拙，有没有简化写法呢？string 模块已经为我们提供了这些字符的组合：

```
>>> import string
>>> string.ascii_lowercase
'abcdefghijklmnopqrstuvwxyz'
>>> string.ascii_uppercase
'ABCDEFGHIJKLMNOPQRSTUVWXYZ'
```

```
>>> string.ascii_letters
'abcdefghijklmnopqrstuvwxyzABCDEFGHIJKLMNOPQRSTUVWXYZ'
>>> string.digits
'0123456789'
```

很神奇有没有？string 模块是怎么办到的呢？模块实际上就是一个 Python 代码文件，通过以下方式找到 string 模块文件的位置：

```
>>> print(string.__file__)    # 注意 file 两边是双下画线
/usr/local/lib/python3.7/string.py
```

> 💡 小技巧：如果你正在使用 PyCharm 编辑器，可以按下 Ctrl 键，然后将鼠标移动到 string 单词上，单词 string 就会变成一个超链接，可以单击打开源码文件。

现截取一部分内容如下：

```
... 略 ...
ascii_lowercase = 'abcdefghijklmnopqrstuvwxyz'
ascii_uppercase = 'ABCDEFGHIJKLMNOPQRSTUVWXYZ'
ascii_letters = ascii_lowercase + ascii_uppercase
digits = '0123456789'
hexdigits = digits + 'abcdef' + 'ABCDEF'
octdigits = '01234567'
... 略 ...
```

看到了吗？实际上 Python 自带的模块也没有什么神奇的地方，它只是提前把这些字符串定义成了变量而已。

那么，引入 string 模块，代码就可以优化成以下样子：

```
[root@myvm untitled]# vim randpass2.py
import random
import string

all_chs = string.ascii_letters + string.digits
result = ''
```

```
for i in range(8):
    ch = random.choice(all_chs)
    result += ch

print(result)

[root@myvm untitled]# python3 randpass2.py
e4q8eRGJ
```

Python 语言非常大的一个优点是开发效率高，随着知识的积累，你总是可以把代码进一步简化。简化的结果不会使程序变得晦涩，而是更加优雅。上面的代码还能通过列表解析进一步精简：

```
[root@myvm untitled]# vim randpass3.py
import random
import string

all_chs = string.ascii_letters + string.digits
result = [random.choice(all_chs) for n in range(8)]

print(''.join(result))

[root@myvm untitled]# python3 randpass2.py
QytiCdIJ
```

''.join(result)是字符串方法，用于字符串的拼接：

```
>>> str_list = ['tom', 'jerry', 'bob']
>>> '***'.join(str_list)
'tom***jerry***bob'
>>> '.'.join(str_list)
'tom.jerry.bob'
>>> '-'.join(str_list)
'tom-jerry-bob'
>>> ''.join(str_list)
'tomjerrybob'
```

第 4 章 亡羊补牢

"见兔而顾犬，未为晚也；亡羊而补牢，未为迟也。"程序没有按照预期的方式执行并不可怕，只要你已经做好了预案。

之前所写的代码在运行时，总是假定我们传给它的数据都是"正确"的数据。如果程序需要的是数字，得到的却是字符串，那么错误很可能就产生了。然而，不能保证用户在执行程序时，总是输入"正确"的数据，这就需要使用异常处理。

4.1 异常的基本概念

当 Python 程序遇到一个错误时,解释器就会指出当前流已经无法继续执行下去,这时候就出现了异常。

简单来说,如果程序没有处理异常的语句,则当程序执行时,一旦发生异常,它就会崩溃,终止执行。例如,当程序需要数字,却得到了字母时,可能会发生异常:

```
[root@localhost untitled]# vim myerr.py
age = int(input('Your age: '))
print('Ok')

[root@localhost untitled]# python3 myerr.py
Your age: bob
Traceback (most recent call last):
  File "myerr.py", line 1, in <module>
    age = int(input('Your age: '))
ValueError: invalid literal for int() with base 10: 'bob'
```

由于 int()函数无法将字符串"bob"转换为整数,程序抛出了 ValueError 异常,表示值错误。我们并没有对可能出现的错误做任何的处理,一旦出现问题,程序也就崩溃了,无法继续执行下去。程序下面的打印语句也没有得到执行的机会。

在学习的过程中会遇见很多异常,最好将这些异常的名字及在什么情况下发生的都记下来,以后再出现就可以立即知道代码在什么地方写错了。表 4-1 列出了常见的异常类型。

表 4-1 常见的异常类型

类 型	描 述
NameError	未声明/初始化对象
IndexError	序列中没有此索引
SyntaxError	语法错误
KeyboardInterrupt	用户中断执行,按下组合键 Ctrl+C
EOFError	没有内建输入,达到 EOF 标记
IOError	输入/输出操作失败
IndentationError	缩进错误

4.2 检测和处理异常

4.2.1 基础语法结构

完整的异常处理语法如下：

```
try:
    有可能发生异常的语句
except Exception as variable:
    处理异常的语句
else:
    不发生异常才执行的语句
finally:
    不管异常是否发生，都要执行的语句
```

将有可能发生异常的语句（try_suite）放在 try 语句中执行，如果捕获到了预期的异常，则执行 except_suite 语句。将只有异常不发生才执行的语句放到 else 子句中，不管异常是否发生都要执行的语句放到 finally 子句中。

我们举一个简单的例子进行说明：

```
[root@localhost untitled]# vim mydiv.py
num = int(input("Number: "))
result = 100 / num
print(result)
print('Done')
```

程序运行时，如果用户直接回车，或者输入了非数字字符，则出现 ValueError 异常：

```
[root@localhost untitled]# python3 mydiv.py
Number: abc
Traceback (most recent call last):
  File "mydiv.py", line 1, in <module>
    num = int(input("Number: "))
ValueError: invalid literal for int() with base 10: 'abc'
```

如果用户没有输入任何数据，而是按下了组合键 Ctrl+C，将会出现 KeyboardInterrupt

异常：

```
[root@localhost untitled]# python3 mydiv.py
Number: ^CTraceback (most recent call last):
  File "mydiv.py", line 1, in <module>
    num = int(input("Number: "))
KeyboardInterrupt
```

input()函数需要获取用户的输入，但是如果用户没有输入，而是按下了组合键 Ctrl+D，则会出现 EOFError 异常：

```
[root@localhost untitled]# python3 mydiv.py
Number: Traceback (most recent call last):
  File "mydiv.py", line 1, in <module>
    num = int(input("Number: "))
EOFError
```

如果用户输入 0，0 又不能作除数，则还会出现 ZeroDivisionError 异常：

```
[root@localhost untitled]# python3 mydiv.py
Number: 0
Traceback (most recent call last):
  File "mydiv.py", line 2, in <module>
    result = 100 / num
ZeroDivisionError: division by zero
```

有多个异常，可以将这些异常分别用 except 捕获，修改的代码如下：

```
try:
    num = int(input("Number: "))
    result = 100 / num
    print(result)
    print('Done')
except ValueError:
    print('无效输入')
except ZeroDivisionError:
    print('无效输入')
except KeyboardInterrupt:
```

```
        print('\nBye-bye')          # \n 表示先打印回车
    except EOFError:
        print('\nBye-bye')
```

程序运行如下:

```
[root@localhost untitled]    # python3 mydiv.py
Number: abc
无效输入
[root@localhost untitled]    # python3 mydiv.py
Number: 0
无效输入
[root@localhost untitled]    # python3 mydiv.py
Number: ^C                   # 此处按下 Ctrl + C
Bye-bye
[root@localhost untitled]    # python3 mydiv.py
Number:                      # 此处按下 Ctrl + D
Bye-bye
```

你可能注意到了，前两种异常我们采用了相同的处理方式，后两种异常也采用了相同的处理方式。那么，能不能对它们进行合并呢？当然是可以的。代码如下:

```
try:
    num = int(input("Number: "))
    result = 100 / num
    print(result)
    print('Done')
except (ValueError, ZeroDivisionError):
    print('无效输入')
except (KeyboardInterrupt, EOFError):
    print('\nBye-bye')
```

需要注意的是，当通过一个 except 捕获多个异常时，需要把各个异常都放到元组中。

4.2.2 利用异常参数保存异常原因

现在异常已经捕获到了，可是用户输入出现了什么样的错误呢？如果希望把原因也

显示出来,可以把异常的原因存到一个变量中,然后进行输出:

```
try:
    num = int(input("Number: "))
    result = 100 / num
    print(result)
    print('Done')
except (ValueError, ZeroDivisionError) as e:
    print('无效输入:', e)
except (KeyboardInterrupt, EOFError):
    print('\nBye-bye')
```

当出现 ValueError 和 ZeroDivisionError 时,屏幕上将会出现具体的异常内容:

```
[root@localhost untitled]# python3 mydiv.py
Number: abc
无效输入: invalid literal for int() with base 10: 'abc'
[root@localhost untitled]# python3 mydiv.py
Number: 0
无效输入: division by zero
```

4.2.3 异常的 else 子句

上述示例的异常来自前两个语句,后面的两个 print 语句并没有出现任何错误。然而,当程序抛出异常时,代码就转到了相应的 except 语句,这两个没有异常的 print 语句也就不再执行了。所以,应该只把可能发生异常的语句放到 try 中,不会发生异常的语句就不要放进去了:

```
try:
    num = int(input("Number: "))
    result = 100 / num
except (ValueError, ZeroDivisionError) as e:
    print('无效输入:', e)
except (KeyboardInterrupt, EOFError):
    print('\nBye-bye')
```

```
    print(result)
    print('Done')
```

再次执行程序,观察运行结果:

```
[root@localhost untitled]# python3 mydiv.py
Number: 10
10.0
Done
[root@localhost untitled]# python3 mydiv.py
Number: abc
无效输入: invalid literal for int() with base 10: 'abc'
Traceback (most recent call last):
  File "mydiv.py", line 9, in <module>
    print(result)
NameError: name 'result' is not defined
```

没有异常发生时,一切正常。可是,当用户输入 abc,发生 ValueError 异常时,虽然已经捕获到了,但是又出现了新的 NameError 异常。这是怎么产生的呢?

解决问题,一定要认真读代码。这里注意,用户输入 abc 后,int('abc')引发了 ValueError 异常,代码立即跳转到了相应的 except 语句,也就是 result = 100 / num 这条语句被跳过了,没有执行。既然没有为 result 赋值,下面 print(result)出现的名称错误也就清楚了。

print(result)放到 try 里不合适,放到外面又会出现 NameError 异常,那么怎么办呢? 这就用到了 else 语句:

```
try:
    num = int(input("Number: "))
    result = 100 / num
except (ValueError, ZeroDivisionError) as e:
    print('无效输入:', e)
except (KeyboardInterrupt, EOFError):
    print('\nBye-bye')
else:
    print(result)
```

```
    print('Done')
```

else 子句只有异常不发生时才被执行:

```
[root@localhost untitled]# python3 mydiv.py
Number: abc
无效输入: invalid literal for int() with base 10: 'abc'
Done
[root@localhost untitled]# python3 mydiv.py
Number: 10
10.0
Done
```

4.2.4 finally 子句

print('Done')语句也可以放到 finally 子句中，不管异常是否发生，都会被执行:

```
try:
    num = int(input("Number: "))
    result = 100 / num
except (ValueError, ZeroDivisionError) as e:
    print('无效输入:', e)
except (KeyboardInterrupt, EOFError):
    print('\nBye-bye')
else:
    print(result)
finally:
    print('Done')
```

当然，我们在编写程序时，并不需要所有的语法都写完整。常用的组合是 try-except 和 try-finally。

4.3 触发异常

Python 也为程序员提供了主动触发异常的机制，一种方法是使用 raise 语句，另一种方法是使用 assert 语句。

4.3.1 利用 raise 语句主动触发异常

要想引发异常,最简单的形式就是输入关键字 raise,后面跟要引发的异常的名称,还可指定异常发生的原因。

例如,为人指定年龄时,要求年龄的范围是 1~150,不在此范围的数值,会引发 ValueError 异常:

```
>>> age = 200
>>> if not 1 <= age <= 150:
...     raise ValueError('年龄超过范围')
...
Traceback (most recent call last):
  File "<stdin>", line 2, in <module>
ValueError: 年龄超过范围
```

4.3.2 利用 assert 语句触发断言异常

assert 即断言,是一句必须等价于布尔值为真的判定。如果 assert 后面语句的结果为假,那么将引发 AssertionError 异常:

```
>>> age = 200
>>> assert 1 <= age <= 150, '年龄超过范围'
Traceback (most recent call last):
  File "<stdin>", line 1, in <module>
AssertionError: 年龄超过范围
```

第 5 章　重 复 利 用

　　"世间万物，皆循环往复，周而复始。"程序代码亦遵循此道。例如，程序代码需要实现某一功能，该功能由 10 行代码组成，这个功能又在 5 个位置需要引用。把实现功能的 10 行代码编写为函数，需要此功能时，只要调用函数即可。多个程序文件都需要此功能时，还可将程序文件以模块的方式导入，实现代码重用。

5.1 函数基础

5.1.1 函数的基本概念

试想一下，当我们编写程序时，有一个功能需要 10 行代码，而且这个功能将在程序的 10 个不同位置使用。如果用前面所学知识，每次使用该功能就把这 10 行代码复制粘贴一次，一共需要 100 行代码，这看起来"很傻"。当需要修改这个功能的时候，10 处代码都需要进行修改。

如果采用函数就很简单了。函数就是将某些功能代码作为一个整体，为其加个名字。什么地方需要这个功能，只要调用函数就可以。当函数功能需要修改时，只要把定义函数的代码稍做修改即可。

函数用 def 语句创建，语法如下：

```
def function_name(arguments):
    "function_documentation_string"
    function_body_suite
```

def 关键字后面是函数的名字，函数名也是一个标识符，所以命名要求也是这样的：

➢ 首字符必须是字母或下画线。

➢ 其余字符除字母、下画线外，还可以使用数字。

➢ 区分大小写。

函数名后面的小括号中是传递给函数的参数，参数不是必需的，有些函数没有参数，但是注意，即使没有参数，小括号也不能省略。

函数名称下面是该函数的文档字符串，这个字符串是可选的，在功能上没有任何作用，只是对函数进行说明，详见第 1 章的"文档字符串"。

5.1.2 调用函数

定义函数时，函数中的代码不会执行，只有对函数调用时，函数中的代码才会执行。

```
[root@localhost untitled]# vim star.py
def pstar():
    print('*' * 20)

[root@localhost untitled]# python3 star.py
```

上述代码定义了 pstar 函数，但是并没有对它进行调用，所以运行程序，没有任何输出。

函数调用需要使用小括号，如果没有小括号，只是对函数的引用，不是调用。系统需要在内存中开辟一个空间，将函数存储在里面，引用相当于指出函数在内存中的位置。引用也不会执行函数中的代码：

```
[root@localhost untitled]# vim star.py
def pstar():
    print('*' * 20)

pstar

[root@localhost untitled]# python3 star.py
```

如果使用交互解释器，而不是文件形式，则引用函数可以看到函数在内存中的位置：

```
>>> def pstar():
...     print('*' * 20)
...
>>> pstar
<function pstar at 0x7f216bfe20d0>
```

对函数调用，将会执行函数中的代码：

```
[root@localhost untitled]# vim star.py
def pstar():
    print('*' * 20)

pstar()
```

```
[root@localhost untitled]# python3 star.py
********************
```

5.1.3　把函数的执行结果通过 return 返回

for 循环这一部分的知识，我们写过一个斐波那契数列，运行程序能够生成一个数列。如果运行程序需要生成两个数列呢？通过函数实现起来就很简单了。首先，看一下原来代码的样子：

```
[root@localhost untitled]# vim fibs.py
fib = [0, 1]

length = int(input("数列长度："))
for i in range(length - 2):    # 因为 fib 数列中已有两个初值
    fib.append(fib[-1] + fib[-2])

print(fib)
```

将其改为函数，只要在以上代码的顶部加上一个名字，再把其余代码整体缩进即可：

```
[root@localhost untitled]# vim fib_func.py
def gen_fib():
    fib = [0, 1]

    length = int(input("数列长度："))
    for i in range(length - 2):    # 因为 fib 数列中已有两个初值
        fib.append(fib[-1] + fib[-2])

    print(fib)
```

> 💡 小技巧：在 PyCharm 中，如果需要把多行代码整体缩进，只要选中这一部分代码，按下 Tab 键即可。

如果此时运行程序，将没有任何输出。因为函数定义只是声明了函数，但是它里面的代码不会被执行，对函数调用才会执行函数内的代码。需要生成两个数列，对函数调用两次即可：

```
[root@localhost untitled]# vim fib_func.py
def gen_fib():
    fib = [0, 1]

    length = int(input("数列长度: "))
    for i in range(length - 2):    # 因为fib数列中已有两个初值
        fib.append(fib[-1] + fib[-2])

    print(fib)

gen_fib()       # 注意此处没有缩进
gen_fib()

[root@localhost untitled]# python3 fib_func.py
数列长度: 8
[0, 1, 1, 2, 3, 5, 8, 13]
数列长度: 10
[0, 1, 1, 2, 3, 5, 8, 13, 21, 34]
```

函数调用完成后，屏幕输出了数列内容。如果不想直接输出，而是将数列中的每个数字乘以 2 再输出呢？尝试把函数结果保存到变量中：

```
[root@localhost untitled]# vim fib_func.py
def gen_fib():
    … …

result = gen_fib()
new_nums = [i * 2 for i in result]
print(new_nums)
[root@localhost untitled]# python3 fib_func.py
数列长度: 5
[0, 1, 1, 2, 3]
Traceback (most recent call last):
  File "fib_func.py", line 11, in <module>
```

```
        new_nums = [i * 2 for i in result]
TypeError: 'NoneType' object is not iterable
```

再次运行程序，希望生成 5 个长度的数列，再用列表解析的方式将每个数字都乘以 2 后输出。但是运行结果并不是我们预期的，程序仍然输出了 5 个长度的原始数列，接下来抛出了异常，指出列表解析语句有问题，result 的值是 None，而 None 是无法使用 for 循环遍历的。

为什么是这样的结果，只要认真地读一读代码就能分析出来。首先函数定义不会执行函数中的代码。然后程序执行到 result = gen_fib()这条语句，赋值是自右向左执行的，所以先进行函数调用，函数中的代码将会运行一遍。当用户输入数列长度是 5 以后，数列就通过循环生成了，最后通过 print()语句进行输出。到此为止，函数代码执行完毕，将函数的运行结果赋值给 result。等一等，函数运行的结果是什么？把什么结果赋值给了 result？

函数运行的结果需要通过 return 返回，如果没有明确的 return 语句，则函数默认返回 None。

现在清楚了，函数调用后，并没有把数列返回，而是返回了 None，把 None 赋值给了 result。在函数里，一般不使用 print()打印语句，而是将处理的结果通过 return 返回。因为我们编写的程序，不一定总是要把数据输出在屏幕上。函数调用后把结果返回，这个结果将来怎么处理，就变得非常灵活了。

找到了问题的所在，就可以给出解决方案了：

```
[root@localhost untitled]# vim fib_func.py
def gen_fib():
    fib = [0, 1]

    length = int(input("数列长度: "))
    for i in range(length - 2):
        fib.append(fib[-1] + fib[-2])

    return fib
```

```
result = gen_fib()
new_nums = [i * 2 for i in result]
print(new_nums)

[root@localhost untitled]# python3 fib_func.py
数列长度：5
[0, 2, 2, 4, 6]
```

5.1.4 通过参数向函数传递需要处理的数据

在上面斐波那契数列函数的例子中，数列的长度是在函数内部使用 input()函数得到的。这个函数的作用是通过键盘输入获取数据。如果数据不来自键盘呢？假如需要的长度来自数据库，并且从数据库中取出了 5 种长度，需要生成 5 个数列呢？当前函数无法实现这个功能，因为数据来源被限制死了，只能从键盘输入。

更好的做法是，函数需要的数据通过"参数"进行传递。

参数是在函数名称后面括号里定义的那个名字。你可以简单地理解为它就是一个变量而已，只不过现在这个"变量"的值还不确定，只是在形式上先占个位置，所以被称作"形式参数"或"形参"。

接下来修改函数，将它需要的数据用参数传递：

```
[root@localhost untitled]# vim fib_func.py
def gen_fib(length):
    fib = [0, 1]

    for i in range(length - 2):
        fib.append(fib[-1] + fib[-2])

    return fib

result = gen_fib(5)
print(result)

[root@localhost untitled]# python3 fib_func.py
```

```
[0, 1, 1, 2, 3]
```

如果需要 5 种长度的数列,也不要在函数中进行传递,因为函数应该保持相对简洁。通过调用 5 次函数来实现这个要求:

```
[root@localhost untitled]# vim fib_func.py
def gen_fib(length):
    … …

for i in [5, 6, 7, 8, 9]:
    result = gen_fib(i)
    print(result)

[root@localhost untitled]# python3 fib_func.py
[0, 1, 1, 2, 3]
[0, 1, 1, 2, 3, 5]
[0, 1, 1, 2, 3, 5, 8]
[0, 1, 1, 2, 3, 5, 8, 13]
[0, 1, 1, 2, 3, 5, 8, 13, 21]
```

在我们调用函数的时候,将表示数列长度的数字传递给函数,这个具体的数字是实际上真正使用的参数,又被称作"实际参数"或"实参"。

5.1.5 位置参数

与 shell 脚本类似,Python 也有位置参数,即从命令行获取参数。Python 将位置参数保存在 sys 模块的 argv 列表中。下面的示例演示了如何显示这些位置参数:

```
[root@localhost untitled]# vim position.py
import sys

print(sys.argv)

[root@localhost untitled]# python3 position.py
['position.py']
[root@localhost untitled]# python3 position.py hao
['position.py', 'hao']
```

```
[root@localhost untitled]# python3 position.py hao 123
['position.py', 'hao', '123']
```

脚本名称作为列表的第一个元素,其他命令行参数被依次放入列表中。注意,命令行参数作为位置参数传递时,总是使用字符串的形式,上例中的 123 并不是以数字的方式存储的,如果希望它是数字的形式,则需要手工转换。

5.1.6 应用案例:改写生成随机字符串的代码

➢ 将生成随机字符串的案例改写为函数的形式。

➢ 生成多少位随机字符串要通过位置参数指定。

➢ 程序出现问题时,指明程序的正确用法。

分析:只要将前面章节的代码稍作改动即可。给前面章节的代码起个函数名,生成的字符串长度由参数传递。代码如下:

```
[root@localhost untitled]# vim randpass3.py
import random
import string

def gen_pass(n):
    all_chs = string.ascii_letters + string.digits
    result = [random.choice(all_chs) for i in range(n)]

    return ''.join(result)
```

调用函数时,生成多少位的字符串由位置参数指定,位置参数传进来的数字是字符串的形式,需要转换成整数:

```
[root@localhost untitled]# vim randpass3.py
import random
import string
import sys

def gen_pass(n):
    all_chs = string.ascii_letters + string.digits
```

```
    result = [random.choice(all_chs) for i in range(n)]

    return ''.join(result)

length = int(sys.argv[1])
print(gen_pass(length))
```

程序执行时,如果没有给定位置参数,则会出现 IndexError 异常;如果位置参数不是数字,无法使用 int 转换,则会出现 ValueError 异常:

```
[root@localhost untitled]# python3 randpass3.py
Traceback (most recent call last):
  File "randpass3.py", line 12, in <module>
    length = int(sys.argv[1])
IndexError: list index out of range
[root@localhost untitled]# python3 randpass3.py abc
Traceback (most recent call last):
  File "randpass3.py", line 12, in <module>
    length = int(sys.argv[1])
ValueError: invalid literal for int() with base 10: 'abc'
```

将出现异常的两个语句进行异常捕获:

```
[root@localhost untitled]# vim randpass3.py
import random
import string
import sys

def gen_pass(n):
    all_chs = string.ascii_letters + string.digits
    result = [random.choice(all_chs) for i in range(n)]

    return ''.join(result)

try:
    length = int(sys.argv[1])
except (IndexError, ValueError):
```

```
    print('Usage: %s length' % sys.argv[0])
    exit(1)              # 出现异常,程序结束,退出码设置为非零值

print(gen_pass(length))


[root@myvm untitled]    # python3 randpass3.py
Usage: randpass3.py length
[root@myvm untitled]    # echo $?
1
[root@myvm untitled]    # python3 randpass3.py 5
WbTBN
```

5.1.7 提供默认值的默认参数

顾名思义,默认参数就是提供了默认值的参数。先看一个简单的案例:

```
>>> def pstar(n):
...     print('*' * n)
...
>>> pstar(30)
******************************
>>> pstar()
Traceback (most recent call last):
  File "<stdin>", line 1, in <module>
TypeError: pstar() missing 1 required positional argument: 'n'
```

pstar 函数接收一个参数以便确定函数需要打印的*数量,如果不指定,则会触发异常。假设我们经常需要打印 30 个*,那么就可以为参数指定一个默认值。调用函数时,给定了实参就打印约定的数量,没有传参则打印 30 个*:

```
>>> def pstar(n=30):
...     print('*' * n)
...
>>> pstar(20)
********************
>>> pstar()
******************************
```

5.2 模块基础

随着技能的不断提升，我们能编写的程序也越来越复杂，代码量越来越大。把几百、几千甚至几万行代码写到一个文件里往往不是一个好主意。这个时候，我们会把代码按照一定的组织形式放到多个文件里。将代码组织为函数可以实现代码的重用，不同文件之间的函数也有相互调用的需求，这就需要使用模块了。

5.2.1 模块的基本概念

实际上模块就是一个以.py 作为结尾的 Python 程序文件，文件是 Python 组织代码的物理方式，模块是 Python 组织代码的逻辑方式。将 Python 程序文件全名的.py 扩展名移除，剩下的基本名称就是模块名，如 randpass.py 的模块名是 randpass。

模块名也是一个标识符，标识符要遵守相应的命名约定，即：

> 首字符必须是字母或下画线。

> 其余字符除字母、下画线外，还可以使用数字。

> 区分大小写。

5.2.2 导入模块的常用方法

Python 使用 import 语句导入模块。模块被导入后，模块属性就可以通过"模块名.属性名"的方式调用了：

```
>>> import string
>>> import time
>>> string.ascii_lowercase
'abcdefghijklmnopqrstuvwxyz'
>>> time.ctime()
'Tue Mar 12 11:10:25 2019'
```

也可以在同一行导入多个模块：

```
>>> import shutil, hashlib
```

同一行导入多个模块在可读性方面不好，因此，这种方式虽然没有语法错误，但是并不推荐使用。

一个模块拥有很多功能，如果只想导入其中的一部分功能，还可以这样：

```
>>> from string import ascii_uppercase, digits
>>> print(ascii_uppercase)
ABCDEFGHIJKLMNOPQRSTUVWXYZ
>>> print(digits)
0123456789
```

导入模块时，能够为模块起别名：

```
>>> import getpass as gp
>>> gp.getpass()
Password:
```

在这些导入模块的方法里，最常用的是每行导入一个模块，以及从模块中导入部分属性，另外两种方法应用得较少。

5.2.3　执行模块导入时的搜索路径

导入自己编写的模块需要在该模块所在的目录，否则将会出现 ModuleNotFoundError 异常，但是无论切换到哪个工作目录，导入系统模块都能够成功。这是因为 Python 能在一些系统指定的目录下搜索模块，这些路径由 sys.path 定义：

```
>>> for path in sys.path:
...     path    # 交互解释器，不执行print()语句也能显示内容
...
''              # 空白字符串表示当前路径
'/usr/local/lib/python37.zip'
'/usr/local/lib/python3.7'
'/usr/local/lib/python3.7/lib-dynload'
'/usr/local/lib/python3.7/site-packages'
```

> 💡 提示：如果希望自己编写的模块可以在任何位置进行导入，则可以将模块文件复制到 site-packages 中，或者使用环境变量 PYTHONPATH 定义一个路径。

5.2.4 模块的导入特性

我们自己编写的文件也是模块，也可以被导入，现在在交互解释器中导入之前的 randpass3（位置参数的代码案例）试一试：

```
>>> import randpass3
Usage: length
[root@localhost untitled]#
```

怎么回事？交互解释器为什么退出了呢？分析原因，在导入模块时，将会把模块的代码执行一遍。randpass3.py 有以下代码：

```
try:
    length = int(sys.argv[1])
except (IndexError, ValueError):
    print('Usage: %s length' % sys.argv[0])
    exit(1)
```

这部分代码首先要将位置参数转换成数字，然而并没有位置参数传给程序，sys.argv[1]出现了 IndexError 异常，代码跳转到相应的异常处理语句，退出。

当然，我们可以把函数后面的语句都注释掉，这样导入模块就没有问题了。但是，如果程序直接运行的时候，仍然要执行这些语句呢？

解决方案是一条判断语句，判断 randpass3.py 文件是直接运行的，还是被 import 导入的。每个模块都有一个名为__name__的特殊属性（你可以理解为它就是一个变量，虽然看上去似乎有点怪），当模块文件直接执行时，__name__的值为__main__；当模块被另一个文件导入时，__name__的值就是该模块的名字（如 randpass3.py 的模块名是 randpass3）。

举个简单的例子说明下:

```
[root@localhost untitled]# vim foo.py
print(__name__)
[root@localhost untitled]# python3 foo.py
__main__
```

foo.py 中只有一行代码,打印变量__name__的值。因为 foo.py 是直接运行的,所以__name__的值是__main__。代码如下:

```
[root@localhost untitled]# vim bar.py
import foo
[root@localhost untitled]# python3 bar.py
foo
```

bar.py 中也只有一行代码,运行它,屏幕上输出了 foo。这是因为 bar.py 文件把 foo.py 作为一个模块导入了,导入 foo 将会把 foo.py 文件中的代码执行一遍。foo.py 只有一行打印语句,此时__name__的值是模块名,即 foo。

现在 randpass3.py 可以加上一些判断了,判断__name__的值。如果值是__main__,意味着 randpass3.py 是直接运行的,那么可以执行函数下面的语句:

```
[root@localhost untitled]# vim randpass3.py
import random
import string
import sys

def gen_pass(n):
    … …

if __name__ == '__main__':
    try:
        length = int(sys.argv[1])
    except (IndexError, ValueError):
        print('Usage: %s length' % sys.argv[0])
        exit(1)
```

```
    print(gen_pass(length))
```

直接运行程序,可以正确无误地运行:

```
[root@localhost untitled]# python3 randpass3.py 8
gMflOusZ
```

在其他位置导入 randpass3 也不会再出现问题:

```
>>> import randpass3
>>> randpass3.gen_pass(8)
'io6PHb76'
```

5.2.5 模块结构和代码布局

到目前为止,我们已经了解了 Python 的大部分语法,也写了相当数量的代码。组成代码的这些语句有没有顺序呢?是用到什么就书写什么,还是有什么一定要遵守的准则呢?如果我们建立了一种统一且容易阅读的结构,就会使代码更加"优雅"。Python 中常见的布局如下:

```
#!/usr/bin/env python3
'用于对文档进行说明的文档字符串'

import random
import string

all_chs = string.ascii_letters + string.digits

class MyClass:
    '类的文档字符串'
    pass

def my_func(args):
    '函数的文档字符串'
    pass

if __name__ == '__main__':
```

```
mc = MyClass()
my_func()
```

像 shell 脚本一样,第一行指定该程序文件使用的解释器是 Python 3。然后是模块文档字符串,这些字符串在程序功能上没有什么额外的作用,用于 help 查看帮助时显示。解释器声明和文档字符串不是必选项。接下来是模块导入语句、全局变量定义、类声明、函数声明,最后是主程序。

接下来让我们进行练习,熟悉一下这种布局。

5.2.6 应用案例:模拟用户登录系统

真正的用户登录系统,一般来说是把用户名和密码存储在数据库中。我们现在先采用字典的方式模拟,用户名作为 Key,密码作为 Value。要求如下:

➢ 程序支持新用户注册和老用户登录两个功能。

➢ 注册时,如果用户已经存在,则不能覆盖。

➢ 老用户登录时,用户名和密码都正确则提示"登录成功",否则提示"登录失败"。

分析:每当我们拿到一个要求,不要着急编写代码,你可以先"发会儿呆",想一想程序运行的方式。它是交互的,还是非交互的?如果是交互的,则屏幕上会有什么提示,用户会做出什么样的回答?当用户回答完毕时,屏幕上又会出现什么提示?程序何时结束?

我们现在要编写的这个程序,是一个交互式程序。屏幕上将会打印菜单,提示用户可以执行的操作,如下所示:

```
(0) register
(1) login
(2) exit
Please input your choice(0/1/2): 0
```

用户可以根据提示输入对应操作的数字。用户输入 0 表示要创建新用户,若用户不存在则可以创建成功,否则提示用户已存在,创建失败。代码如下:

```
username: bob
```

```
password: 123
(0) register
(1) login
(2) exit
Please input your choice(0/1/2): 0
username: bob
bob already exists.
```

用户选择登录时，填入的用户名和密码都是正确的，则提示成功，否则失败。代码如下：

```
(0) register
(1) login
(2) exit
Please input your choice(0/1/2): 1
username: tom
password:
login failed
(0) register
(1) login
(2) exit
Please input your choice(0/1/2): 1
username: bob
password:
login successful
```

用户可以选择 2 结束程序：

```
(0) register
(1) login
(2) exit
Please input your choice(0/1/2): 2
```

接下来可以编写代码了。在编写代码时，分析程序有哪些功能，把这些功能定义成函数，然后在主程序中调用相关的函数。

在这个案例中，主要有两个功能：一个是新用户注册，另一个是老用户登录。主程序代码应该是一个循环结构，它在屏幕上显示菜单，根据用户的选择调用相应的函数。

由于主程序的代码比较多,干脆把它也写到一个函数里。这样,我们得到了 3 个函数,整体的程序框架如下:

```python
def register():
    pass

def login():
    pass

def show_menu():
    pass

if __name__ == '__main__':
    show_menu()
```

这样做的好处是,把大的问题分割成了一个个小模块,把复杂的问题简单化。各个函数之间没有影响,编写某一个函数时,不用考虑其他函数。

在编写具体的函数代码时,无所谓先后顺序。主程序代码调用的是 show_menu 函数,我们先编写它:

```python
def show_menu():
    prompt = """(0) register
(1) login
(2) exit
Please input your choice(0/1/2): """  # 提示用户输入 0、1、2

    while True:
        choice = input(prompt).strip()  # 移除用户输入的两端空白字符
        if choice not in ['0', '1', '2']:
            print('Invalid inupt. Try again.')
            continue                     # 用户输入的不是预期字符,重新输入

        if choice == '0':                # 根据用户选择调用相应函数
            register()
        elif choice == '1':
```

```
            login()
        else:
            break
```

程序只有两个功能，用了 if-elif 语句，如果有 10 个功能呢？那需要写一大长串 elif 语句。Python 没有其他语言那样的 switch/case 语句，但是它可以实现得"更酷"。代码如下：

```
def show_menu():
    cmds = {'0': register, '1': login}    # 将函数存入字典
    prompt = """(0) register
(1) login
(2) exit
Please input your choice(0/1/2): """

    while True:
        choice = input(prompt).strip()
        if choice not in ['0', '1', '2']:
            print('Invalid inupt. Try again.')
            continue
        if choice == '2':
            break

        cmds[choice]()                    # 在字典中取出函数，进行调用
```

函数中定义了一个字典，字典是容器类型，可以存储各种各样的数据类型，在这里，我们把两个函数存入字典 cmds。在循环语句中，用户如果输入 1，赋值给 choice 后，cmds['1'] 取出的是 register，所以 cmds[choice]() 也就是 cmds['1']()，最后变成了 register()，对 register 函数进行了调用。

接下来编写注册用户的函数。无论是用户注册，还是用户登录，都要用到存储用户的字典。在全局部分声明一个字典，用于存储用户名和密码：

```
    userdb = {}

    def register():
        username = input('username: ')
```

```
    if username in userdb:
        print('%s already exists.' % username)
    else:
        password = input('password: ')
        userdb[username] = password
```

最后是用户登录的函数：

```
def login():
    username = input('username: ')
    password = getpass.getpass("password: ")    # 不要显示密码
    if username not in userdb or userdb[username] != password:
        print('login failed')
    else:
        print('login successful')
```

用户名不在字典中，或者用户填写的密码与字典中不一致都将导致登录失败。不过，if username not in userdb or userdb[username] != password:这个判断语句太长了，看起来也很不"友好"，可以把它替换成：if userdb.get(username) != password:。如果用户名不在字典中，则取出的值是 None；如果用户名在字典中，则取出的是对应的值，再和用户登录时输入的密码进行比较。完整代码如下所示：

```
[root@localhost untitled]# vim login3.py
import getpass

userdb = {}

def register():
    username = input('username: ')
    if username in userdb:
        print('%s already exists.' % username)
    else:
        password = input('password: ')
        userdb[username] = password

def login():
```

```python
        username = input('username: ')
        password = getpass.getpass("password: ")
        if userdb.get(username) != password:
            print('login failed')
        else:
            print('login successful')

def show_menu():
    cmds = {'0': register, '1': login}
    prompt = """(0) register
(1) login
(2) exit
Please input your choice(0/1/2): """

    while True:
        choice = input(prompt).strip()
        if choice not in ['0', '1', '2']:
            print('Invalid inupt. Try again.')
            continue
        if choice == '2':
            break

        cmds[choice]()

if __name__ == '__main__':
    show_menu()
```

5.3 函数进阶

5.3.1 变量作用域

程序在运行期间会遇到各种各样的名字，这些名字有的是 Python 本身拥有的，有的是用户自己定义的。需要注意的是，这些名字并不是在任何地方都可见，如果用错了，就会出现 NameError 异常。

根据变量出现的位置,将变量分为全局变量和局部变量。

➢ 全局变量:顶在行首的语句中定义的变量,从变量定义开始的位置到程序运行结束的任意位置均可见可用。如下所示:

```
>>> x = 10              # 全局变量
>>> def foo():
...     print(x)        # 函数内部使用全局变量
...
>>> foo()
10
```

➢ 局部变量:在函数内部定义的变量。只有在函数运行期间,在函数内部可见可用,若离开函数,则变量"消失"。如下所示:

```
>>> def bar():
...     hi = 'hello world!'
...     print(hi)
...
>>> bar()               # 调用函数,打印出局部变量 hi 的值
hello world!
>>> print(hi)           # 全局无法调用函数内部的局部变量
Traceback (most recent call last):
  File "<stdin>", line 1, in <module>
NameError: name 'hi' is not defined
```

如果全局和局部拥有同名的变量,则在函数调用时,局部变量将会把全局变量"遮盖"。这两个变量只是名字相同,但是局部变量无法改变全局变量的值。如下所示:

```
>>> x = 10
>>> def func1():
...     x = 100
...     print('在函数内部,x 的值是: ', x)
...
>>> func1()
在函数内部,x 的值是:  100
```

```
>>> print('在全局x的值是: ', x)
在全局x的值是:  10
```

当然，如果真的需要在函数内部改变全局变量的值也可以实现，只是需要在函数内部使用 global 语句：

```
>>> x = 10
>>> def func2():
...     global x
...     x = 50
...     print('在函数中, x的值已修改为:', x)
...
>>> func2()
在函数中, x的值已修改为: 50
>>> print('全局变量x, 也已经变为: ', x)
全局变量x, 也已经变为:  50
```

5.3.2 参数注意事项

函数的参数也可以当作局部变量，参数有时候不止一个，在传参时需要注意一些事项，否则将会出现错误。

我们以下面的函数为例，看看哪些传参方法是正确的，哪些传参方法是错误的：

```
>>> def get_age(name, age):
...     print('%s is %s years old' % (name, age))
```

函数 get_age 不多不少接收两个参数，这两个参数都是必不可少的，如果传递的参数多了或者少了，都将发生错误：

```
>>> get_age()                        # 参数个数不够
Traceback (most recent call last):
  File "<stdin>", line 1, in <module>
TypeError: get_age() missing 2 required positional arguments: 'name' and 'age'
>>> get_age('bob', 25, 100)          # 参数个数太多
Traceback (most recent call last):
  File "<stdin>", line 1, in <module>
```

```
TypeError: get_age() takes 2 positional arguments but 3 were given
```

调用函数时,参数按定义时的顺序传递:

```
>>> get_age('bob', 25)
bob is 25 years old
>>> get_age(25, 'bob')
25 is bob years old
```

上面两次调用虽然都没有发生错误,但是很明显第二次调用的语义不对,25 传递给了 name,bob 传递给了 age。

明确指定实参传递给哪个形参,可以忽略定义函数时的参数顺序:

```
>>> get_age(age=25, name='bob')
bob is 25 years old
```

key=val 的传参形式也可以只出现一次,但是注意顺序,这种形式必须出现在后面,否则将出现语法错误:

```
>>> get_age(age=25, 'bob')
  File "<stdin>", line 1
SyntaxError: positional argument follows keyword argument
```

> 提示:key=val 这种形式的参数被称作"关键字参数",如上例中的 age=25;只有一个参数的形式,如上例中的'bob',被称作"位置参数"。

关键字参数在位置参数后面也要注意,下面的调用方法仍然是错误的:

```
>>> get_age(25, name='bob')
Traceback (most recent call last):
  File "<stdin>", line 1, in <module>
TypeError: get_age() got multiple values for argument 'name'
```

报错信息指出变量 name 获得了多个值。调用函数时,数字 25 没有指定要传递给哪个形参,所以按照定义时的顺序,传递给了 name;接下来的 name='bob'又为 name 传递了另一个值。因此，正确的写法应该是这样的：

```
>>> get_age('bob', age=25)
bob is 25 years old
```

5.3.3 个数未知的参数

如果函数接收的参数个数不确定，可能没有参数，也可能有多个参数，就可以使用元组或字典来接收参数了。

使用元组接收参数的代码如下所示：

```
>>> def func1(*args):
...     print(args)
```

args 前面的*表示 args 是一个元组，*不是参数名的一部分，想一想标识符的命名规则，*不是可用的合法字符。接下来传几个参数看一看：

```
>>> func1()                    # 没有参数，args 是一个空元组
()
>>> func1(10)                  # 只有一个元素的元组
(10,)
>>> func1(10, 20, 30, 40)      # 具有多个元素的元组
(10, 20, 30, 40)
```

关键字参数 key=val，正好和字典的键值对对应，使用字典接收参数的代码如下所示：

```
>>> def func2(**kwargs):
...     print(kwargs)
...
>>> func2()                           # 没有参数，kwargs 是空字典
{}
>>> func2(name='zzg')                 # 只有一个元素的字典
{'name': 'zzg'}
>>> func2(name='zzg', age=20)         # 具有多个值的字典
{'name': 'zzg', 'age': 20}
```

函数接收至少一个位置参数、个数不固定的关键字参数，可以写成以下格式：

```
>>> def func3(args, *non_kw_args, ** kw_args):
...     print(args)
...     print(non_kw_args)
...     print(kw_args)
...
>>> func3(10)
10
()
{}
>>> func3(10, 20, 30, name='zzg')
10
(20, 30)
{'name': 'zzg'}
```

调用函数时,传递的参数也可以使用*,但是已经不代表元组或字典了。它的意思是将参数对象拆开,从一个整体变成多个参数。

我们先看一个函数的定义:

```
>>> def add(x, y):
...     return x + y
```

add 函数接收两个参数,调用函数时如果参数个数不正确将会出错:

```
>>> nums = [10, 20]
>>> add(nums)
Traceback (most recent call last):
  File "<stdin>", line 1, in <module>
TypeError: add() missing 1 required positional argument: 'y'
```

nums 列表虽然有两个元素,但它是一个整体,将 nums 赋值给了 x,参数 y 没有得到值。可以使用 nums[0]和 nums[1]分别传递给 x 和 y,还可以使用*将 nums 拆开:

```
>>> add(*nums)
30
```

类似地，可以使用两个*将字典拆开，变成 key=val 的形式：

```
>>> def set_info(name, age):
...     print('%s: %s' % (name, age))
...
>>> person = {'name': 'bob', 'age': 20}
>>> set_info(**person)
bob: 20
```

5.3.4 应用案例：简单的数学小游戏

我们经常可以看到一些寓教于乐的小游戏,如专门给小朋友玩的超市收银员小游戏。我们为这个小游戏编写一个后台,要求如下：

- 随机选择 100 以内的两个数字。
- 算术只支持加法和减法。
- 总是用大的数减去小的数，不要出现负数。
- 用户答错 3 次，需要给出正确答案。

分析：首先，思考程序运行时是如何与用户交互的。可以这样，屏幕上输出算式，要求用户作答。如果用户输入正确，提示算对了，则询问用户是否继续。如果算错了，提示不正确，则需要重新计算；连续 3 次算错，则给出正确答案。

然后，考虑程序有哪些功能。这个程序的功能并不多，一个是出考题，还有一个就是主程序了，所以写出主体框架如下：

```
def exam():

def main():

if __name__ == '__main__':
    main()
```

在主程序 main()中需要不断地出题，用户作答后，用户输入 n 或 N 开头的字符结束程序，否则都将继续：

```
def main():
    while True:
        exam()
        yn = input('Continue(y/n)? ').strip()[0]    # 取出输入的第一个字符
        if yn in 'Nn':
            break
```

出题函数 exam()，通过 random 模块随机生成两个 100 以内的整数，随机选出加减号，计算出正确答案。用户也需要给出答案，将用户的答案与正确答案对比得到最终结果。代码如下：

```
from random import randint, choice

def exam():
    nums = [randint(1, 100) for i in range(2)]     # 生成两个数字
    nums.sort(reverse=True)                         # 列表降序排列
    op = choice('+-')
    if op == '+':
        result = nums[0] + nums[1]
    else:
        result = nums[0] - nums[1]
    prompt = "%s %s %s = " % (nums[0], op, nums[1])  # 算式
    answer = int(input(prompt))
    if answer == result:
        print('Very good!')
    else:
        print('Wrong answer.')
```

可以优化算式计算的部分。编写加减法函数，把减法函数放到字典中，根据操作符调用相应的函数。如下所示：

```
def add(x, y):
    return x + y

def sub(x, y):
    return x - y
```

```
def exam():
    cmds = {'+': add, '-': sub}        # 将加减法函数存入字典
    nums = [randint(1, 100) for i in range(2)]
    nums.sort(reverse=True)             # 列表降序排列
    op = choice('+-')
    result = cmds[op](*nums)            # 调用函数,将 nums 拆成两个参数传递
    ......
```

最后,解决用户输错答案的问题,输入错误需要给用户 3 次机会。可以通过 for 循环,也可以通过 while 循环配合计数器的方式。

为了使程序更加完善,再引入异常处理。完整代码如下:

```
[root@localhost untitled]        # vim math_game.py
from random import randint, choice

def add(x, y):
    return x + y

def sub(x, y):
    return x - y

def exam():
    cmds = {'+': add, '-': sub}
    nums = [randint(1, 100) for i in range(2)]
    nums.sort(reverse=True)             # 列表降序排列
    op = choice('+-')
    result = cmds[op](*nums)
    prompt = "%s %s %s = " % (nums[0], op, nums[1])
    tries = 0                           # 设置计数器

    while tries < 3:
        try:
            answer = int(input(prompt))
        except:                         # 捕获所有异常
            continue
```

```
            if answer == result:
                print('Very good!')
                break
            print('Wrong answer.')
            tries += 1
        else:           # 此处是while的else，三次全算错才给答案
            print('%s%s' % (prompt, result))

def main():
    while True:
        exam()
        try:
            yn = input("Continue(y/n)? ").strip()[0]
        except IndexError:
            continue
        except (KeyboardInterrupt, EOFError):
            print()
            yn = 'n'              # 按下Ctrl+C/Ctrl+D算用户输入n

        if yn in 'nN':            # 只有n或N才结束，否则继续出题
            break

if __name__ == '__main__':
    main()
```

5.3.5　lambda 匿名函数

所谓匿名函数，就是不再使用 def 语句这样标准的形式定义一个函数，而是使用 lambda。lambda 的主体是一个表达式，不是一个代码块。比较一下正常定义的函数和匿名函数：

```
>>> def add(x, y):
...     return x + y
>>> add(10, 20)
```

```
30
>>> myadd = lambda x, y: x + y
>>> myadd(10, 20)
30
```

lambda 后面的 x 和 y 成了函数的参数，x + y 的结果是函数返回值。创建了 lambda 函数后，再把它赋值给 myadd。lambda 是函数，所以赋值给 myadd，myadd 就也是函数。当然了，如果仍然要进行这样的赋值，还是建议采用正常的函数声明形式。那什么时候使用它呢？它怎样简化代码呢？

在上面简单数学小游戏的案例中，加减法两个函数都只有一个表达式，这个函数就不用再定义了，直接在字典中存入匿名函数即可：

```
cmds = {'+': lambda x, y:  + y, '-': lambda x, y: x - y}
```

有一些高阶函数经常会和匿名函数联用。在计算机编程语言中，高阶函数指的是接收函数作为输入或输出的函数。

filter 是一个高阶函数，它第一个参数是函数，函数返回值要求是 True 或 False；第二个参数是一个可迭代对象。将可迭代对象中的每个元素作为函数的参数施行过滤，返回值为真则保留，否则过滤掉。如下所示：

```
[root@localhost untitled]# vim anonymous.py
from random import randint

def func1(x):
    return x % 2

if __name__ == '__main__':
    nums = [randint(1, 100) for i in range(10)]   # 生成10个数字的列表
    print(nums)
    result = filter(func1, nums)                  # 使用正常函数过滤
    print(list(result))      # result 是 filter 对象，转换成列表以便输出内容
    result2 = filter(lambda x: x % 2, nums)       # 使用匿名函数
print(list(result2))
[root@localhost untitled]# python3 anonymous.py
```

```
[75, 73, 92, 35, 21, 76, 86, 99, 73, 91]
[75, 73, 35, 21, 99, 73, 91]
[75, 73, 35, 21, 99, 73, 91]
```

map 与 filter 类似，只不过 map 是将数据进行"加工"，返回加工的结果：

```
[root@localhost untitled]# vim anonymous2.py
from random import randint

def func1(x):
    return x * 2

if __name__ == '__main__':
    nums = [randint(1, 100) for i in range(10)]   # 生成10个数字的列表
    print(nums)
    result = map(func1, nums)          # 使用正常函数加工列表中的数字
    print(list(result))
    result2 = map(lambda x: x * 2, nums)      # 使用匿名函数
    print(list(result2))
[root@localhost untitled]# python3 anonymous2.py
[37, 22, 75, 10, 66, 1, 87, 58, 77, 11]
[74, 44, 150, 20, 132, 2, 174, 116, 154, 22]
[74, 44, 150, 20, 132, 2, 174, 116, 154, 22]
```

再看一个更有实际意义的例子。我们输入的日期，是有格式的字符串形式，怎么把年月日分别取出来，转成数字形式呢？代码如下所示：

```
date = '2020-12-30'
date_list = date.split('-')
year = int(date_list[0])
month = int(date_list[1])
day = int(date_list[2])
print(year, month, day)
```

有了匿名函数，就可以简化为如下形式：

```
date = '2020-12-30'
year, month, day = map(int, date.split('-'))
print(year, month, day)
```

5.3.6 利用偏函数改造现有函数

偏函数可以理解为改造现有函数，将其中的一部分参数固定下来，以降低函数调用的难度。举例来说，这里有一个拥有 5 个参数的函数，而且参数没有默认值。每次调用函数都需要提供全部参数，但是前 4 个数字都是固定的。如下所示：

```
>>> def add(a, b, c, d, f):
...     return a + b + c + d + f
...
>>> add (10, 20, 30, 40, 5)
105
>>> add (10, 20, 30, 40, 25)
125
>>> add (10, 20, 30, 40, 32)
132
```

遇到这种情况，偏函数就有用武之地了，functools 模块的 partial 实现了这样的功能：

```
>>> from functools import partial
>>> newadd = partial(add, 10, 20, 30, 40)
>>> newadd(5)
105
```

可以看到，partial 也是一个高阶函数，它的第一个参数是要改造的函数 add，后面的几个参数是传递给 add 的 4 个参数，改造的结果是新函数 newadd，它只需要一个参数。

我们再看一个例子，int() 函数能够将字符串转换成十进制数，如果查看它的帮助，发现它还有另一个参数 base，这个 base 可以指定进制：

```
>>> help(int)
Help on class int in module builtins:

class int(object)
 |  int([x]) -> integer
 |  int(x, base=10) -> integer
… …
```

字符串 1010 在不同进制下表示的值如下：

```
>>> int('1010', base=2)
10
>>> int('1010', base=8)
520
>>> int('1010', base=16)
4112
```

有了偏函数，可以构造出名为 int2 的新函数，表示字符串 1010 是二进制数；名为 int8 的新函数，表示字符串 1010 是八进制数；名为 int16 的新函数，表示字符串 1010 是十六进制数：

```
>>> from functools import partial
>>> int2 = partial(int, base=2)
>>> int8 = partial(int, base=8)
>>> int16 = partial(int, base=16)
>>> int2('1010')
10
>>> int8('1010')
520
>>> int16('1010')
4112
```

5.3.7 递归函数

在一个函数内部又包含了对自身的调用，就是递归函数。递归函数的优点是定义简单，逻辑清晰。一般来说，递归函数都可以使用循环进行改写。

通过递归函数输出 5 个数字：

```
>>> def printN(n):
...     if n == 1:
...         print(1)
...         return
...     printN(n - 1)
...     print(n)
```

```
...
>>> printN(5)
1
2
3
4
5
```

printN()函数的逻辑是这样的：打印 n 之前先调用打印 n-1，但是函数一定要有一个结束条件，否则将会无穷无尽地调用自身，直到栈溢出。

数学上的阶乘也是递归。5 的阶乘表示为 5!=5×4×3×2×1，它是 5 乘以 4 的阶乘，又是 5 乘以 4 乘以 3 的阶乘……

如果用函数的方式表示出来，则是：如果数字是 1，则结果就是 1；否则结果是它乘以它下一个数的阶乘。代码如下：

```
[root@localhost untitled]# vim fact.py
def fact(n):
    if n == 1:
        return 1
    return n * fact(n - 1)

if __name__ == '__main__':
    print(fact(5))

[root@localhost untitled]# python3 fact.py
120
```

5.3.8 应用案例：递归列出目录内容

程序要求如下：

➢ 通过位置参数传递路径。

➢ 递归列出该路径下所有内容。

分析：通过 os 模块的 listdir()方法列出该目录的所有内容。然后判断目录下的名称，如果是目录，则继续调用自身列出的目录内容。代码如下：

```
[root@localhost untitled]# vim listdir.py
import os
import sys

def list_files(path):
    if os.path.isdir(path):          # 判断给定的路径是不是目录
        print(path + ':')
        content = os.listdir(path)   # 返回当前目录的文件列表
        print(content)               # 打印当前目录的内容
        for fname in content:        # 取出文件列表中的每个文件名
            fname = os.path.join(path, fname)   # 拼接绝对路径
            list_files(fname)        # 调用自身

if __name__ == '__main__':
    list_files(sys.argv[1])
```

运行结果如下：

```
[root@localhost untitled]# python3 listdir.py /etc/security/
/etc/security/:
['pwquality.conf', 'access.conf', 'chroot.conf', 'console.apps',
'console.handlers', 'console.perms', 'console.perms.d', 'group.conf',
'limits.conf', 'limits.d', 'namespace.conf', 'namespace.d',
'namespace.init', 'opasswd', 'pam_env.conf', 'sepermit.conf',
'time.conf']
/etc/security/console.apps:
['xserver', 'config-util', 'liveinst', 'setup']
/etc/security/console.perms.d:
[]
/etc/security/limits.d:
['20-nproc.conf']
/etc/security/namespace.d:
[]
```

5.3.9 应用案例：快速排序

排序有很多方法，如冒泡排序、归并排序等。这里我们介绍的是可以通过递归实现的快速排序。

- 生成 100 以内的 10 个数字。
- 采用快速排序的方式进行排序。

分析：快速排序的思路是假设给定的一串数字的第一个数是中间值，然后遍历其余的数字，比中间值小的数字放到一个较小数字列表中，比中间值大的数字放到另一个较大数字列表中。最后将这三段内容进行拼接。

此时，各数字列表仍然可能是没有顺序的，那么再调用自身，使用同样的方法继续排序。直到列表中只有一个元素或没有元素，就不用再排序了。代码如下：

```
[root@localhost untitled]    # vim quick_sort.py
from random import randint

def quick_sort(num_list):
    if len(num_list) < 2:    # 列表中元素少于2项，不用再排序了
        return num_list

    middle = num_list[0]
    smaller = []
    larger = []
    for i in num_list[1:]:
        if i <= middle:
            smaller.append(i)
        else:
            larger.append(i)

# quick_sort 的返回值是列表，middle是数字，需要把middle放到列表中
# 才能进行拼接
    return quick_sort(smaller) + [middle] + quick_sort(larger)
```

```
if __name__ == '__main__':
    alist = [randint(1, 100) for i in range(10)]
    print(alist)
    print(quick_sort(alist))

[root@localhost untitled]# python3 quick_sort.py
[20, 67, 54, 56, 54, 32, 29, 63, 68, 16]
[16, 20, 29, 32, 54, 54, 56, 63, 67, 68]
```

5.3.10 特殊函数：生成器

生成器本质上仍然是函数。平时我们使用的函数就算有多个 return 语句，也只能 return 一次，得到一个返回值。但是生成器可以通过 yield 返回很多中间结果。如下所示：

```
>>> def mygen():
...     yield 'hello world'          # 返回字符串
...     num = 10 + 5                 # 不会返回，因为没有 yield
...     yield num                    # 返回数字
...     yield [1, 2, 3]              # 返回列表
>>> mg = mygen()                     # 创建生成器实例
>>> mg                               # 显示 mg 是生成器
<generator object mygen at 0x7fc9c7c5f570>
>>> mg.__next__()                    # 通过__next__方法取出中间结果
'hello world'
>>> mg.__next__()
15
>>> mg.__next__()
[1, 2, 3]
>>> mg.__next__()                    # 无值可取时，将会引发异常
Traceback (most recent call last):
  File "<stdin>", line 1, in <module>
StopIteration
```

当然，一般情况下，并不是使用__next__()方法，而是通过 for 循环。当 for 循环发现 StopIteration 异常时，自动停止遍历：

```
>>> mg2 = mygen()
```

```
>>> for item in mg2:
...     print(item)
hello world
15
[1, 2, 3]
```

生成器还有另一种表示方法，跟列表解析一样，把[]换成()即可：

```
>>> ip_list = ['192.168.1.%s' % i for i in range(1, 6)]    # 列表解析
>>> ip_list
['192.168.1.1', '192.168.1.2', '192.168.1.3', '192.168.1.4', '192.168.1.5']
>>> ips = ('192.168.1.%s' % i for i in range(1, 6))
>>> ips         # ips是生成器对象
<generator object <genexpr> at 0x7fc9c7c5f660>
>>> for ip in ips:
...     print(ip)
...
192.168.1.1
192.168.1.2
192.168.1.3
192.168.1.4
192.168.1.5
```

5.3.11 函数高级用法：闭包和装饰器

在计算机科学中，闭包又称词法闭包或函数闭包，是引用了自由变量的函数。简单来说，就是一个函数在定义中引用了函数外定义的变量，并且该函数可以在其定义环境外被执行。

既然闭包本质上是内部函数，那么我们首先来了解内部函数，再一步一步推导闭包完整的语法。内部函数也是函数，只不过它是在另一个函数内部定义的，只能在定义它的函数内部被调用：

```
[root@myvm untitled]# vim inner.py
def outer():
    def inner():
```

```
        print('Inner func')

    inner()

if __name__ == '__main__':
    outer()
inner()


[root@myvm untitled]# python3 inner.py
Inner func
Traceback (most recent call last):
  File "inner.py", line 8, in <module>
    inner()
NameError: name 'inner' is not defined
```

程序运行时，调用外部函数 outer，outer 函数在运行期间创建了内部函数 inner，然后调用 inner 函数，这一切都正常运行。但是如果在主程序中直接调用 inner 函数，将会出现 NameError 异常，因为 outer 函数在运行期间创建了 inner 函数，一旦 outer 函数执行完毕，也就释放了相应的运行空间，inner 函数消失。所以 inner 函数就像局部变量一样，只能在函数内部使用。

outer 函数没有返回值，我们给它加上返回值。以往函数的返回值，我们使用的是数字、字符串、列表等，这一次使用一个不一样的，把 inner 函数返回。代码如下：

```
def outer():
    … …

if __name__ == '__main__':
    result = outer()
    print(result)


[root@myvm untitled]# python3 inner.py
<function outer.<locals>.inner at 0x7fcc1c2d3c80>
```

注意，outer 函数的返回值是 inner 函数，inner 函数后面不要加()，如果写成了 inner() 表示将 inner 函数调用一次，把 inner 函数的结果作为 outer 函数的返回值。outer 函数的返回值是函数,赋值给 result,那么 result 就也是一个函数,如图 5-1 所示。

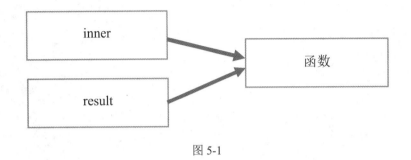

图 5-1

既然 result 是函数,那么也就可以调用,result 和 inner 指向的是同一函数,调用 result 也就调用了 inner:

```
def outer():
    … …

if __name__ == '__main__':
    result = outer()
    result()

[root@myvm untitled]# python3 inner.py
Inner func
```

接下来定义一个变量试试:

```
def outer():
    counter = 0
    def inner():
        print('Inner func')
        counter += 1
        print(counter)

    return inner

if __name__ == '__main__':
    result = outer()
```

```
    result()

[root@myvm untitled]# python3 inner.py
Inner func
Traceback (most recent call last):
  File "inner.py", line 12, in <module>
    result()
  File "inner.py", line 5, in inner
    counter += 1
UnboundLocalError: local variable 'couter' referenced before assignment
```

调用 inner 函数时，inner 函数将 counter 值加 1，但是 inner 函数中没有 counter 变量的定义，程序执行出错。为了在 inner 函数中可以使用 counter，需要使用关键字 nonlocal：

```
def outer():
    counter = 0
    def inner():
        nonlocal counter
        print('Inner func')
        counter += 1
        print(counter)

    return inner

if __name__ == '__main__':
    result = outer()
result()

[root@myvm untitled]# python3 inner.py
Inner func
1
```

以上就是闭包的使用方式了。

了解了闭包，装饰器就简单了，因为装饰器实际上就是闭包。我们举一个尽可能简单的例子来说明：

```
[root@myvm untitled]# vim deco.py
def hello():
    return 'Hello World!'

if __name__ == '__main__':
    print(hello())
```

程序运行后，屏幕上将打印出一行黑色的文字"Hello World!"。如果希望这些字是红色的呢？利用以前学过的内容，可以把 return 语句改写如下：

```
return '\033[31;1mHello World!\033[0m'
```

如果只有这一个函数有这个要求还好，要是有 10 个、20 个函数的输出都有这个要求，岂不是要把重复的事情做几十遍！这时聪明的你想到了一个办法，为什么不写一个函数来完成呢？于是有了下面的写法：

```
[root@myvm untitled]# vim deco.py
def set_red(func):
    return '\033[31;1m%s\033[0m' % func()

def hello():
    return 'Hello World!'

if __name__ == '__main__':
    print(set_red(hello))
```

其他函数也是一样的，只要希望将返回的字符串设置为红色，就都把它们作为 set_red 的参数运行。看上去是一个不错的解决方案，可是仍然涉及大量代码的修改：每个需要以红色文字输出的函数，都要进行修改！这个时候装饰器就派上用场了！

装饰器就是闭包，先把设置红色文字的函数改为闭包的样子：

```
def deco(func):
    def set_red():
        return '\033[31;1m%s\033[0m' % func()
```

```
    return set_red
```

注意，set_red 函数变成了内层函数，它的外面套了一个名为 deco 的函数。原来 sed_red 函数的参数变成了 deco 函数的参数，deco 函数的返回值是 set_red 函数。主程序的调用部分修改为以下样式：

```
if __name__ == '__main__':
    hello = deco(hello)
    print(hello())
```

将 hello 函数作为 deco 函数的参数进行调用，其返回值是 set_red 函数，将 set_red 函数再赋值给 hello 函数，这样对 hello 函数的调用，实际上已变成了对 set_red 函数的调用。而参数 func 是原来的 hello 函数。这样绕来绕去，头都大了，不还是在调用的时候要修改代码吗？别急，这只是在让你明白装饰器的原理，我们大可不必这样写，这种写法可以简化为在 hello 函数前面加上@deco。完整代码如下所示：

```
[root@myvm untitled]# vim deco.py
def deco(func):
    def set_red():
        return '\033[31;1m%s\033[0m' % func()
    return set_red


@deco
def hello():
    return 'Hello World!'

if __name__ == '__main__':
    print(hello())
```

采用装饰器写法的程序，与最初只打印黑色文字的程序相比，只是多创建了一个函数（deco），原有函数 hello 的定义内容和调用方式不用做任何改动。

如果被装饰的函数是带参数的，需要对装饰器的内层函数做一些改动。定义函数时，将参数加上*表示使用元组接收参数，参数的个数不限；调用函数时，实参前加上*表示将参数拆开。利用这个特点，可以得到下面这种灵活的写法：

```
[root@myvm untitled]# vim deco2.py
def color(func):
    def red(*args):
        return '\033[31;1m%s\033[0m' % func(*args)
    return red

@color
def hello(word):
    return 'Hello %s!' % word

@color
def welcome():
    return 'How are you?'

if __name__ == '__main__':
    print(hello('China'))
    print(welcome())
```

无论被装饰的函数有没有参数、有多少个参数，都能准确无误地运行了。

5.3.12 应用案例：计算函数运行时间

你的一个程序由 10 个函数构成，该程序运行得非常缓慢，所以你决定找出那个运行最慢的函数，以便进行优化。

原有函数如下所示：

```
[root@myvm untitled]# vim testit.py
import time

def func1():
    print('%s starting...' % func1.__name__)
    time.sleep(0.5)
    print('%s end...' % func1.__name__)

def func2():
    print('%s starting...' % func2.__name__)
```

```
        time.sleep(3)
        print('%s end...' % func2.__name__)

if __name__ == '__main__':
    func1()
    func2()
```

要求不改变原有函数的定义和调用方式，计算每个函数运行的时间。

分析：时间模块 time 的 time 方法返回自 1970-1-1 0:00:00 到运行 time.time()之间的秒数（时间戳），只要分别取出函数调用前和调用后的时间戳，相减就得到了函数的运行时间。代码如下：

```
[root@myvm untitled]# vim testit.py
import time

def deco(func):
    def timeit():
        start = time.time()
        func()
        end = time.time()
        print(end - start)
    return timeit

@deco
def func1():
    print('%s starting...' % func1.__name__)
    time.sleep(0.5)
    print('%s end...' % func1.__name__)

@deco
def func2():
    print('%s starting...' % func2.__name__)
    time.sleep(3)
    print('%s end...' % func2.__name__)
```

```
    if __name__ == '__main__':
        func1()
        func2()


[root@myvm untitled]# python3 testit.py
timeit starting...
timeit end...
0.5016582012176514
timeit starting...
timeit end...
3.003498077392578
```

闭包和装饰器可以说是 Python 中最复杂的语法了，我们这里介绍的只是基础应用。当然如果你只是初学，也不用太纠结于此。不采用这种方式编程，同样能够实现你需要的全部功能。当你对 Python 整体有了更进一步的了解时，再来看装饰器，它就不再那么"高不可攀"了。

第 6 章 文件操作

"瞬间很短，稍纵即逝，永恒却很长，长到地老天荒。"无论数据写入列表，还是字典，都只是临时存在计算机的内存中，一旦程序结束，数据也就消失了。将数据写入硬盘文件才是一种永久保存数据的方法。

6.1 文件操作基础

6.1.1 打开模式

文件操作的基本步骤是：打开，读写，关闭。

这里的"打开"并不是使用文本编辑器打开一个文档，也不是用播放器播放一首音乐或者一个视频。文件不管是文本形式还是其他形式，最终在硬盘上都是以一串 0 和 1 的组合进行存储的。打开文件相当于用一个文件指针指向文件存储的开头位置。

打开文件采用的方法是 open，常用模式有读（r）、写（w）、追加（a）等。如果不指定模式，则默认是读的模式。

以读的模式打开文件，若文件不存在则会报错：

```
>>> fobj = open('/tmp/abc.txt')  # 默认以 r 模式打开，文件不存在
Traceback (most recent call last):
  File "<stdin>", line 1, in <module>
FileNotFoundError: [Errno 2] No such file or directory: '/tmp/abc.txt'
```

以写的模式打开文件，若文件不存在则会创建文件；若文件已存在则会被清空：

```
# 新建 hello.txt 文件，写入一行文字
[root@myvm untitled]# echo 'Hello World!' > /tmp/hello.txt
[root@myvm untitled]# cat /tmp/hello.txt
Hello World!
# 以 w 模式打开文件，文件将会被清空
>>> fobj = open('/tmp/hello.txt', 'w')
[root@myvm untitled]# cat /tmp/hello.txt
[root@myvm untitled]#
```

以追加模式打开文件，若文件不存在则会创建文件；若文件已存在，不会清空内容，在写入数据时，将会写到文件的末尾：

```
>>> fobj = open('/tmp/newfile', 'a')
```

以读的模式打开文件，不能对文件实施写入操作；以写的模式打开文件，又不能进行读操作。如果希望能以读写方式打开文件，只要在原来的模式字符后面加一个+即可。与读写模式类似，以 r+方式打开文件，若文件不存在则会报错；以 w+模式打开文件，若文件已存在，则仍然会被清空。

另外，如果打开的是非文本文件，如图片、视频、声音文件，则还要加上一个（b），表示 bytes 类型。

6.1.2 读取文本文件的常用方法

以读的方式打开文件后，就可以读取文件了，例如有下面的文件：

```
[root@myvm untitled]# vim /tmp/zenofpy.txt
Beautiful is better than ugly.
Explicit is better than implicit.
Simple is better than complex.
Complex is better than complicated.
Flat is better than nested.
Sparse is better than dense.
```

（1）read 方法。

```
>>> fobj = open('/tmp/zenofpy.txt')
>>> data = fobj.read()
>>> data
'Beautiful is better than ugly.\nExplicit is better than implicit.\nSimple is better than complex.\nComplex is better than complicated.\nFlat is better than nested.\nSparse is better than dense.\n'
```

通过文件对象的 read 方法读取文件内容，默认会将所有内容读取出来。在本例中，将文件内容赋值给变量 data。可以看到文件的每一行结尾实际上都有一个不可见的控制字符（\n）作为结束标志。通过 print 就可以打印出文件原本的内容：

```
>>> print(data, end='')    # data 结尾本来就有\n，就不要输出 print 的回车了
Beautiful is better than ugly.
Explicit is better than implicit.
Simple is better than complex.
```

```
Complex is better than complicated.
Flat is better than nested.
Sparse is better than dense.
```

如果文件内容非常多,一下子把所有内容都读取出来并不是一个好办法,可以给 read 方法传参数,指定每次读取的字节数:

```
>>> data = fobj.read(1)
>>> data
''
```

当读取 1 字节并赋值给变量 data 的时候,发现 data 是空字符串,什么也没读到。为什么是这样的呢?因为文件有文件指针,打开文件时指针指向开头,随着读取操作的进行,指针会逐渐向后移动。read 方法默认读取全部内容,文件指针也就移动到了文件的结尾,再读取内容自然就没有什么可以读出来了,只是一个空字符串。

如果想重新读一遍,我们先采用笨方法,把文件关闭再打开:

```
>>> fobj.close()
>>> fobj = open('/tmp/zenofpy.txt')
>>> data = fobj.read(1)
>>> data
'B'
>>> data = fobj.read(1)
>>> data
'e'
```

每次都取 1 字节,文件指针向后移动 1 字节,可以逐字节把文件内容读取出来。一次读取全部内容,可能太多,但是一次读取 1 字节也太少了吧,效率太差。计算机的主要部件有 CPU、内存和硬盘,CPU 负责运算,它需要的数据来自内存,而内存又要从硬盘读数据。如果需要 1 字节的数据就从硬盘读 1 字节,大量的时间就都消耗在等待读数据上;同样,产生 1 字节的数据,就把它回写入硬盘,效率也十分低下。因此,系统在进行 I/O 操作时,有一个缓冲区,读数据时一次多读取一些,放到缓冲区;写数据时,先把少量的数据放到缓冲区,当缓冲区数据积累到一定量时才回写入硬盘。

所以,当读取文件时,一次适当多读取一些,可以按文件系统的块(Block)大小来读取，默认 Linux 文件系统的 1 个块大小为 4KB，也就是 4096 字节。读文件时，读取的数据量为 1 个或多个块。

（2）readline 方法。

文本文件有很多行，也可以一次读取一行：

```
>>> fobj.readline()
'autiful is better than ugly.\n'
>>> fobj.readline()
'Explicit is better than implicit.\n'
```

readline 方法从文件指针的位置开始，向后读到"\n"，结束本次读取。

（3）readlines 方法。

```
>>> fobj.readlines()
['Simple is better than complex.\n', 'Complex is better than complicated.\n', 'Flat is better than nested.\n', 'Sparse is better than dense.\n']
```

readlines 方法的返回值是列表，它从文件指针开始读到结尾，每一行作为列表中的一项。

文件操作完毕后，将其关闭：

```
>>> fobj.close()
```

如果不关闭文件会有什么后果呢？其实，多数情况下也没有什么关系。这就好比当你用完 U 盘，需要先弹出 U 盘再从电脑上取下来，但是如果不弹出直接拔下来会有什么后果呢？U 盘一般也不会损坏，但是先弹出再取下来是一个好习惯，文件用完后关闭，也是一个好习惯。

（4）循环遍历。

文本文件更常用的操作方法是采用 for 循环进行遍历：

```
>>> fobj = open('/tmp/zenofpy.txt')
>>> for line in fobj:
```

```
...     print(line, end='')
...
Beautiful is better than ugly.
Explicit is better than implicit.
Simple is better than complex.
Complex is better than complicated.
Flat is better than nested.
Sparse is better than dense.
>>> fobj.close()
```

每一次循环,程序都会取一行内容赋值给变量 line。打印 line 的时候,因为每一行结尾都有一个"\n",所以加上 end='' 抑制打印自己的"\n"。

6.1.3 应用案例:文件生成器

处理文本文件,有时候一次读取一行,感觉内容太少,但是将文件内容一下子全读出来又太多。能不能每次取出 10 行数据呢?利用生成器可以实现。

在前一章中,我们提到,生成器本质上是函数,但是它可以返回很多中间结果。创建一个生成器,把文件对象作为参数传进去,让生成器每次返回 10 行数据就可以了。

分析:生成器每次需要返回 10 行数据,用列表将这些数据保存下来是比较理想的解决方案。列表是可变类型,可以不断向列表中写入数据;列表又属于序列类型,追加的数据正好是文件的前后顺序。

生成器每次需要返回 10 行数据,也就意味着,第 1~10 行数据返回后,下一次要返回的是第 11~20 行数据,不能是第 1~20 行。因此,每次返回后,需要将列表清空。最后,文件的行数很可能不是 10 的整数倍,如 55 行,生成器还需要把最后不足 10 行的数据返回。如下所示:

```
[root@myvm untitled]# vim file_block.py
def blocks(fobj):
    block = []          # 保存中间结果的列表
    counter = 0         # 计数器,够10行则返回
    for line in fobj:
        block.append(line)
```

```python
            counter += 1
            if counter == 10:
                yield block      # 返回中间结果，下次取值，从这里向下执行
                block = []       # 清空列表，以备下次使用
                counter = 0      # 计数器清零
        if block:                # 文件最后不够 10 行的部分
            yield block

if __name__ == '__main__':
    fobj = open('/etc/passwd')
    for lines in blocks(fobj):
        print(lines)
        print('#' * 50)
    fobj.close()
```

6.1.4 将字符串写入文件

以写的模式打开文件时要特别注意，因为，如果文件已存在，则将会把文件清空！如果文件不存在，则创建新文件：

```
>>> fobj = open('/tmp/zenofpy.txt', 'w')
[root@myvm untitled]# cat /tmp/zenofpy.txt    # 文件已被清空
[root@myvm untitled]#
```

（1）write 方法。

```
>>> fobj.write('Hello World!\n')
13         # 返回值 13 表示向文件写入了 13 字节的内容
[root@myvm untitled]# cat /tmp/zenofpy.txt    # 文件仍然是空的
[root@myvm untitled]#
```

我们的确已经向文件写入了一行内容，但是试图读取文件时，发现它仍然是空的。计算机的主要组件内存和硬盘相比较，硬盘比内存要慢太多，如果产生一点数据就向硬盘写入一次，效率太差。因此，写数据时会先将数据写入缓冲区，等数据积累到一定量的时候才会写入硬盘。关闭文件后，数据也会从内存写入文件。

如果希望立即将现有的数据从缓冲区写入内存，则可以执行 flush 操作：

```
>>> fobj.flush()
[root@myvm untitled]# cat /tmp/zenofpy.txt
Hello World!
```

（2）writelines 方法。

readlines 方法将文件中的内容以列表形式读到内存。writelines 方法可以将字符串列表只写入文件：

```
>>> str_list = ['2nd line.\n', '3rd line.\n', 'New line.\n']
>>> fobj.writelines(str_list)
>>> fobj.close()     # 关闭文件，数据写入硬盘
[root@myvm untitled]# cat /tmp/zenofpy.txt
Hello World!
2nd line.
3rd line.
New line.
```

6.1.5 非文本文件读写操作

非文本文件的操作和文本文件一样，只不过打开时要加上（b），否则读取文件时将会抛出异常：

```
[root@myvm untitled]# cp /bin/ls /tmp/ls
>>> fobj = open('/tmp/ls')
>>> fobj.read(10)
Traceback (most recent call last):
  File "<stdin>", line 1, in <module>
  File "/usr/local/lib/python3.7/codecs.py", line 322, in decode
    (result, consumed) = self._buffer_decode(data, self.errors, final)
UnicodeDecodeError: 'utf-8' codec can't decode byte 0xc4 in position 41: invalid continuation byte
```

读取文件时，Python 试图将读出来的内容转换成 UTF-8 字符，但是无法转换，只好抛出异常。

关闭文件，重新打开：

```
>>> fobj.close()
>>> fobj = open('/tmp/ls', 'rb')
>>> fobj.read(10)
b'\x7fELF\x02\x01\x01\x00\x00\x00'
>>> fobj.close()
```

读取出来的字符串前有个"b"，表示 bytes 类型。无论字符、声音、图像还是视频，都以二进制数 0 和 1 组合的形式存储在硬盘上。8 个二进制数是 1 字节（byte），那么就把读取出来的内容一字节一字节地显示出来。二进制的 0 和 1 对人来说很不友好，所以在显示时，将每 4 个二进制数转换成 1 个十六进制数显示。在 b'\x7fELF\x02\x01\x01\x00\x00\x00'中，\x 表示它后面的字符是十六进制数。

6.1.6 通过 with 关键字打开义件

文件操作有 3 个步骤：打开，读写，关闭。如果使用 with 关键字打开文件，则可以省去一步。当 with 语句结束时，文件自动关闭：

```
>>> with open('/tmp/zenofpy.txt') as fobj:
...     fobj.readline()
...
'Hello World!\n'
>>> fobj.readline()
Traceback (most recent call last):
  File "<stdin>", line 1, in <module>
ValueError: I/O operation on closed file.
```

用 with 关键字打开文件，读取一行内容。with 语句结束，文件自动关闭，如果试图再次读取数据，将会收到异常，原因是不能在关闭的文件上执行 I/O 操作。

6.1.7 应用案例：复制文件

编写程序模拟系统的 cp 命令：

➢ 通过位置参数得到源和目标文件名。

➢ 通过函数的形式编写程序。

分析：复制操作，可以把源文件以读的模式打开，目标文件以写的模式打开，然后从源文件中读出数据，写入目标文件。先按这个思路完成基本的代码：

```
[root@myvm untitled]# vim cp.py
f1 = open('/etc/passwd')
f2 = open('/tmp/mima', 'w')
data = f1.read()
f2.write(data)
f1.close()
f2.close()

[root@myvm untitled]# python3 cp.py
[root@myvm untitled]# md5sum /etc/passwd /tmp/mima
1667492ac037cb3c1695fea66541bb28  /etc/passwd
1667492ac037cb3c1695fea66541bb28  /tmp/mima
```

程序已经可以运行了，而且目标文件与源文件的 md5 值完全相同，意味着目标文件是源文件的完整复制。

但是，这里有几个问题。首先，源文件和目标文件用的都是字符串路径，它们的值是固定的，建议改成变量。其次，f1 和 f2 这样的变量名没有实际意义，建议采用有意义的变量名。再者，这个程序只能处理文本文件，如果是图片、视频等文件就不能用了。最后，从源文件中一次性把所有内容全读取出来，对于小文件还行，如果是几兆或者几十兆的大文件就不适用了。

将上述问题都解决掉，实现代码如下：

```
[root@myvm untitled]# vim cp_func.py
import sys

def copy(src_fname, dst_fname):
    with open(src_fname, 'rb') as src_fobj:
        with open(dst_fname, 'wb') as dst_fobj:
            while True:
                data = src_fobj.read(4096)
                if not data:
```

```
                    break
                dst_fobj.write(data)

if __name__ == '__main__':
    copy(sys.argv[1], sys.argv[2])

[root@myvm untitled]# python3 cp_func.py /bin/ls /tmp/list
[root@myvm untitled]# md5sum /bin/ls /tmp/list
918cb545b3458e1bf18b712b36af304f  /bin/ls
918cb545b3458e1bf18b712b36af304f  /tmp/list
[root@myvm untitled]# python3 cp_func.py /etc/passwd /tmp/password
[root@myvm untitled]# md5sum /etc/passwd /tmp/password
1667492ac037cb3c1695fea66541bb28  /etc/passwd
1667492ac037cb3c1695fea66541bb28  /tmp/password
```

经过改动后的程序，既可以复制文本文件，也可以复制非文本文件。在实施复制时，每次从源文件读取 4096 字节，此时进行判断，如果什么也没有读到，表示是一个空字符串（空字符串可以当作判断条件，表示 False，非空为 True），意味着文件已经读写完毕，可以中断循环了；如果读到了，那么就把数据写入目标文件。当然也有其他写法，例如：

```
if data == b'':    # 读到的字符串是空的，注意是bytes类型
    break
```

或者：

```
if len(data) == 0:
    break
```

6.1.8 通过 seek()方法移动文件指针

随着文件的读写，指针一直在不断地移动。Python 给我们提供了查看指针位置和移动指针的方法。

（1）tell 方法。

tell 方法显示文件指针位置，它的值是从文件开头到文件指针位置之间的字节数：

```
>>> fobj = open('/tmp/zenofpy.txt', 'rb+')
# r:读；  b:bytes 类型；   +:读写模式打开
>>> fobj.tell()              # 指针位于文件开头
0
>>> fobj.read(5)
b'Hello'
>>> fobj.tell()              # 读取 5 字节后，文件指针位置也相应地移动了 5 字节
5
```

（2）seek 方法。

seek 方法用于移动文件指针，它接收两个参数：第一个参数是偏移量；第二个参数是相对位置，0 表示开头，1 表示当前位置，2 表示结尾。如 seek(5, 1)表示从当前位置向后移动 5 字节：

```
>>> fobj.seek(0, 0)          # 移动到文件开头
0
>>> fobj.read(5)             # 重新读取，可以将开头内容再次读出
b'Hello'
>>> fobj.seek(-6, 2)         # 从结尾向回移动 6 字节
37    # 37 表示从文件开头到当前文件指针的偏移量是 37 字节
>>> fobj.read()              # 读取文件指针到结尾的内容
b'line.\n'
>>> fobj.seek(0, 0)          # 移动指针到开头
0
>>> fobj.write(b'abc')       # 写入字符串 abc，因为是 rb+，所以可读可写
3
>>> fobj.seek(0, 0)          # 再移动指针到开头
0
>>> fobj.readline()          # 读取一行内容
b'abclo World!\n'
```

注意，上述案例的最后部分，把文件指针移动到开头，写入 abc 并没有把原有内容向后"挤"，而是在原位覆盖。原来文件开头是单词 Hello，新写入的 abc 将 Hello 的前 3 个字符覆盖，变成了 abclo。

6.1.9 应用案例：unix2dos

在 Windows 系统下，文本文件的结尾采用\r\n 表示一行的结束，然而非 Windows 系统文本文件的结尾采用\n 表示一行的结束。正是因为这样的差异，将会导致 Linux 系统的文本文件复制到 Windows 后，Windows 系统通过记事本打开，看到的都是"乱码"，没有正确换行。

Linux 系统可以安装 unix2dos 工具，将 Linux 系统的文本文件转换成 Windows 系统的换行标志。实际上，这个工具也只不过就是将每行结尾的\n 换成了\r\n 而已。我们自己来写一个这样的工具。

➢ 转换文件时，生成新文件，不在原有文件上进行修改。

➢ 新文件的文件名是在原有文件名的后面加上.txt 扩展名。

➢ 待转换的文件通过位置参数获得。

分析：转换文件时，可以将文件的一行读入，然后将尾部空白字符移除，然后拼接\r\n。字符串的 strip 方法用于去除字符串两端的空白字符，rstrip 方法可以仅去除右侧空白字符。代码如下所示：

```
[root@myvm untitled]# vim u2d.py
import sys

def unix2dos(fname):
    dst_fname = fname + '.txt'

    with open(fname) as src_fobj:
        with open(dst_fname, 'w') as dst_fobj:
            for line in src_fobj:
                line = line.rstrip() + '\r\n'
                dst_fobj.write(line)

if __name__ == '__main__':
    unix2dos(sys.argv[1])
```

测试代码如下:

```
[root@myvm untitled]# cp /etc/passwd /tmp/
[root@myvm untitled]# python3 u2d.py /tmp/passwd
[root@myvm untitled]# ls /tmp/passwd*
/tmp/passwd  /tmp/passwd.txt
[root@myvm untitled]# python3
>>> with open('/tmp/passwd', 'rb') as fobj:
...     fobj.readline()
b'root:x:0:0:root:/root:/bin/bash\n'
>>> with open('/tmp/passwd.txt', 'rb') as fobj:
...     fobj.readline()
b'root:x:0:0:root:/root:/bin/bash\r\n'
```

如果把 passwd 和 passwd.txt 两个文件复制到 Windows 系统用记事本打开，passwd 将会"只有一行"，而 passwd.txt 能够正常显示多行。

6.1.10　应用案例：进度条动画

我们看到的很多动画，实际上并不是它本身在动，而是一种"视觉欺骗"。在字符终端下，我们经常可以看到以#构成的进度条，它的实现方式是一行一行地打印个数不等的#，但是输出的时候没有输出在多行，而是始终打印在同一行，并且新输出的内容将原来的内容覆盖。

我们写一个示例，为了让它更有意思些，这个示例是让一个@在 20 个#中间穿过。当@到达尾部时，再重新回到开头。

分析：首先输出 20 个#在屏幕上。因为后续的输出仍然要输出在这一行，所以输出#后，不要打印回车\n，print()函数默认打印回车，需要通过 end="替代。继续打印时，默认新的字符出现在原来字符的后面，可以通过\r 要求新输出的字符串在行首出现。\r 表示回车但是不换行，有了它，字符串输出时从这一行的开头输出，同时将原有字符串覆盖。代码如下所示：

```
[root@myvm untitled]# vim myword.py
print('hello', end='')
print('\rabc')
```

```
[root@myvm untitled]# python3 myword.py
abclo
```

第一个 print()函数输出了 hello，第二个 print()函数输出的\r 表示回车不换行，也就是回到 hello 这一行的行首，再输出 abc 将 hello 的前 3 个字符覆盖。因此最终屏幕上看到的结果是 abclo。

输出@在 20 个#中间穿过，可以这样思考：输出的字符串分为 3 个部分，中间是@，两边是#，@左边的#有 n 个，@右边的#是 $19-n$ 个（因为@也占一个字符）。为了使@到达结尾再回到起始，需要将 n 的值清零。

最后，为了让动画跑得不要那么快，每次输出一行内容后都要睡眠一会儿。完整代码如下：

```
[root@myvm untitled]# vim railway.py
import time

n = 0
print('#' * 20, end='')

while True:
    time.sleep(0.2)
    print('\r%s@%s' % ('#' * n, '#' * (19 - n)), end='')
    n += 1
    if n == 20:
        n = 0

[root@myvm untitled]# python3 railway.py
##############@######
```

6.2 字符编码

在前面介绍的内容里，字符串有 str 类型和 bytes 类型的，它们是怎么回事呢？

在 Python 中，我们加上引号的内容，都是 str 类型的，它就是我们平常见到的字符串，这些字符串可以是英文字符、数字字符及中文字符等，如下所示：

```
>>> type('abc')
<class 'str'>
>>> type('123')
<class 'str'>
>>> type('你好')
<class 'str'>
```

这些字符如果存储到计算机的硬盘上是怎么存储的呢？不管是中文字符，还是英文字符，最终在硬盘上都是以二进制数0和1的形式存储的。那么这些0和1又怎么能代表字符呢？大家想想发电报，即使你没有发过电报，也在一些战争题材的电影上看到过这样的场景。发送电报的通信员在电报机上不停地按键，电报机发出"嘀嘀哒哒"的声音，这些声音提前编排好了，由不同的"嘀哒"组合代表某些字符。接收电报的通信员听到声音，再根据编排好的"嘀哒"与字符对应表，就可以得知电报的内容。

在计算机硬盘上存储的数据，就像电报的莫尔斯电码，每种0和1的组合都提前定义好对应的是哪个字符。

计算机诞生在美国，美国使用的是英文字符。大小写字母加上数字和一些标点符号，共有100多个符号，所以只要有7个二进制位就可以通过不同的组合表达出来。美国就把7位二进制数表达字符编码的方式制定成一个标准，叫作ASCII码（American Standard Code for Information Interchange，美国信息互换标准代码）。如小写字母a的ASCII码是1100001，转换成十进制数字是97。

计算机到了欧洲，欧洲也是拼写文字，但是7位二进制数不能表示出所有的可用字符，所以欧洲采用了ISO8859-1字符集，也叫作Latin-1。ISO8859-1共8位，最多可以表示256种字符。

然而，中文字符可不仅仅有几百个字符，为了能够表示所有的汉字，中国又制定了中国的标准，比如GBK、GB2312、GB18030等。

世界上有很多国家，他们都有自己的文字，为了能在计算机上显示出自己国家的文字，他们都需要制定出自己国家的标准：这一串0和1表示的本国字符是什么。

如果是单台计算机，也就不会出现什么大问题了。随着互联网的到来，全世界人民都在网上交换信息，这就造成了很大的混乱。A、B 两个国家都用 01100101 表示本国的某一字符，也就是二进制数是一样的，但是含义却完全不一样。这个问题该怎么解决呢？秦始皇在统一六国之后，要求"车同轨，书同文"。但是当今我们指望不上他老人家了。于是国际标准化组织（ISO）提供了一套"万国码"：大家都不要再采用自己的地区性编码方案了，是地球人就都采用 Unicode 编码，这套编码可以涵盖地球上所有的字符，再也不用担心编码一样而含义不一样了。

我们经常说到的 UTF-8 是为了解决 Unicode 如何在网络上传输的问题而出现的一个标准，是在互联网上使用最广的一种 Unicode 的实现方式。UTF-8 最大的一个特点就是，它是一种变长的编码方式。它可以使用 1～4 字节表示一个符号。

字符最终将会以二进制的形式存储在计算机中，然而 0 和 1 的组合对于人来说太不友好，所以我们经常会把 8 个二进制数组成 1 字节进行表示，这就是在 Python 中看到的 bytes 类型。

Python 3 默认采用的是 UTF-8 编码，可以通过字符串的 encode 方法把 str 类型的字符转换成 bytes 类型：

```
>>> s1 = 'hao123'
>>> s1.encode()
b'hao123'
```

对于英文字符和数字等符号，因为一个字符正好是 8 位，所以 bytes 类型没有把它们转成十六进制数，还是采用人类易于识别的表示形式：

```
>>> s2 = '你好'
>>> s2.encode()
b'\xe4\xbd\xa0\xe5\xa5\xbd'
```

对于中文字符，一个汉字对应 3 字节的 UTF-8 编码，所以将 str 类型的中文字符转换成 bytes 类型，看到的就是一些十六进制数了。

使用 decode 方法可以将 bytes 类型的数据转换成 str 类型：

```
>>> b2 = s2.encode()
>>> b2
b'\xe4\xbd\xa0\xe5\xa5\xbd'
```

```
>>> b2.decode()
'你好'
```

encode/decode 方法默认使用的是 UTF-8 编码，也可以指定编码：

```
>>> s3 = '你好'
>>> b3 = s3.encode('GBK')
>>> b3
b'\xc4\xe3\xba\xc3'
>>> b3.decode('GBK')
'你好'
```

6.3 time 模块

本章主要讲解文件，time 模块与文件并没有什么关系。但是因为经常需要用到时间，我们不得不在这里先把它讲明白。首先我们要清楚这样几个概念。

> 时间戳：即 UNIX 纪元秒数，指自国际标准时间 1970 年 1 月 1 日零时以来经过的总秒数。

> 纪元（epoch）：即时间开始的点，并且取决于平台。对于 UNIX，epoch 是 1970 年 1 月 1 日 00:00:00。

> UTC：即协调世界时间，以前称为格林尼治标准时间，或 GMT。

6.3.1 time 模块的常用方法

time 模块的常用方法如下。

> time.time()：返回纪元时间开始以来的秒数。

```
>>> import time
>>> time.time()
1557237766.387538
```

> time.ctime()：返回时间的字符串。

```
>>> time.ctime()     # 返回当前时间的字符串
'Tue May  7 22:03:59 2019'
>>> time.ctime(0)    # 返回纪元时间点的时间字符串，注意，8:00是因为中国所使用
                       的时区是东八区
'Thu Jan  1 08:00:00 1970'
```

> time.sleep()：睡眠。

```
>>> time.sleep(3)    # 睡眠3s
```

> time.strftime()：返回指定时间格式。

```
>>> time.strftime('%Y-%m-%d')
'2019-05-07'
```

常用的时间记号如表 6-1 所示。

表 6-1 常用的时间记号

记 号	含 义
%a	本地化的缩写星期中每日的名称
%A	本地化的星期中每日的完整名称
%d	十进制数 [01,31] 表示的月中日
%H	十进制数 [00,23] 表示的小时（24 小时制）
%m	十进制数 [01,12] 表示的月
%M	十进制数 [00,59] 表示的分钟
%S	十进制数 [00,61] 表示的秒（含闰秒）
%Y	十进制数表示的带世纪的年份

> time.localtime()：返回当前时间的时间对象。

```
>>> time.localtime()
time.struct_time(tm_year=2019, tm_mon=5, tm_mday=13, tm_hour=15, tm_min=8, tm_sec=57, tm_wday=0, tm_yday=133, tm_isdst=0)
```

time.localtime()返回的是被称作 struct_time 的时间对象，它一共包括 9 个数据项，分别表示年、月、日、时、分、秒、一周中的第几天（周一为 0）、一年中的第几天、是否使用夏令时间。

struct_time 对象括号中显示的变量名是 struct_time 对象的属性，可以直接使用：

```
>>> t.tm_year
2019
>>> t.tm_mon
5
>>> t.tm_mday
13
```

➢ time.strptime()：把时间字符串转换成 struct_time 模式。

```
>>> time.strptime('2019-05-17 22:03:59', '%Y-%m-%d %H:%M:%S')
time.struct_time(tm_year=2019, tm_mon=5, tm_mday=17, tm_hour=22, tm_min=3, tm_sec=59, tm_wday=4, tm_yday=137, tm_isdst=-1)
```

> 🔔 夏时制（Daylight Saving Time，DST），又称"日光节约时制"，是一种为节约能源而人为规定地方时间的制度，在这一制度实行期间所采用的统一时间称为"夏令时间"。一般在天亮得早的夏季，人为将时间调快一小时，可以使人早起早睡，减少照明量，以充分利用光照资源，从而节约照明用电。
>
> 1986 年 4 月，国务院办公厅发出《在全国范围内实行夏时制的通知》，具体做法是：每年从 4 月中旬第一个星期日的凌晨 2 时整（北京时间），将时钟拨快一小时，即将表针由 2 时拨至 3 时，夏令时间开始；到 9 月中旬第一个星期日的凌晨 2 时整（北京夏令时间），再将时钟拨回一小时，即将表针由 2 时拨至 1 时，夏令时间结束。从 1986 年到 1991 年共实行了 6 年。

6.3.2 应用案例：根据时间取出文件内容

有以下文件内容：

```
[root@myvm untitled]# cat myfile.txt
2019-05-15 08:10:01 aaaa
2019-05-15 08:32:00 bbbb
```

```
2019-05-15 09:01:02 cccc
2019-05-15 09:28:23 dddd
2019-05-15 10:42:58 eeee
2019-05-15 11:08:00 ffff
2019-05-15 12:35:03 gggg
2019-05-15 13:13:24 hhhh
```

请取出该文件中 9:00—12:00 之间的行。

分析：只要取出文件中每行的时间，判定这个时间是位于 9 点到 12 点之间的，就需要打印在屏幕上。

首先，构建出 9 点和 12 点的时间对象：

```
>>> t9 = time.strptime('2019-5-15 09:00:00', '%Y-%m-%d %H:%M:%S')
>>> t12 = time.strptime('2019-5-15 12:00:00', '%Y-%m-%d %H:%M:%S')
```

在 myfile.txt 文件中，每行文件的前 19 个字符是时间，可以取切片，并把它转换成时间对象：

```
>>> line = '2019-05-15 08:10:01 aaaa'
>>> line[:19]
'2019-05-15 08:10:01'
>>> t = time.strptime(line[:19], '%Y-%m-%d %H:%M:%S')
```

时间可以比较大小：

```
>>> t > t9
False
>>> t < t12
True
```

完整代码如下：

```
[root@myvm untitled]# vim cut_file.py
import time


fname = 'myfile.txt'
t9 = time.strptime('2019-5-15 09:00:00', '%Y-%m-%d %H:%M:%S')
```

```
t12 = time.strptime('2019-5-15 12:00:00', '%Y-%m-%d %H:%M:%S')

with open(fname) as fobj:
    for line in fobj:
        t = time.strptime(line[:19], '%Y-%m-%d %H:%M:%S')
        if t9 < t < t12:
            print(line, end='')
```

```
[root@myvm untitled]# python3 cut_file.py
2019-05-15 09:01:02 cccc
2019-05-15 09:28:23 dddd
2019-05-15 10:42:58 eeee
2019-05-15 11:08:00 ffff
```

延展：上面的写法是我们很容易想到的思路，不过有一个问题需要考虑：文件中的时间一般都是线性增长的，下一行的时间要比前一行的时间晚。如果文件有上万行，如何保证满足条件的时间只出现在前 100 行以内呢？按照上面的写法，文件中所有的行都要遍历一遍，这完全没有必要。如果在不满足条件时，及时将循环中断，可以大大地提升程序的运行效率。所以，更好的写法如下：

```
import time

fname = 'myfile.txt'
t9 = time.strptime('2019-5-15 09:00:00', '%Y-%m-%d %H:%M:%S')
t12 = time.strptime('2019-5-15 12:00:00', '%Y-%m-%d %H:%M:%S')

with open(fname) as fobj:
    for line in fobj:
        t = time.strptime(line[:19], '%Y-%m-%d %H:%M:%S')
        if t > t12:    # 如果时间已经大于12点，终止循环
            break
        if t > t9:
            print(line, end='')
```

6.4 datetime 模块

6.4.1 datetime 模块的常用方法

datetime 模块是另一个常用的时间模块。它的主要方法如下。

➢ datetime.now()：返回当前的时间对象。

```
>>> from datetime import datetime
>>> datetime.now()
datetime.datetime(2019, 5, 14, 13, 21, 14, 397290)
```

datetime 时间对象的各项分别是年、月、日、时、分、秒、毫秒。这些项目也可以单独取出来：

```
>>> t = datetime.now()
>>> '%s-%s-%s  %s:%s:%s.%s' % (t.year, t.month, t.day, t.hour, t.minute, t.second, t.microsecond)
'2019-5-14 13:23:29.584710'
```

➢ datetime()：用于创建时间对象。

```
>>> datetime(2019, 5, 20)
datetime.datetime(2019, 5, 20, 0, 0)
```

本例中创建时间对象只提供了年、月、日，其他属性将自动用 0 填充。

➢ datetime.strftime()：返回指定格式的时间字符串。

```
>>> t = datetime.now()
>>> t.strftime('%Y-%m-%d %H:%M:%S')
'2019-05-14 13:27:44'
```

➢ datetime.strptime()：通过时间字符串返回 datetime 对象。

```
>>> datetime.strptime('2020-1-2 12:30:00', '%Y-%m-%d %H:%M:%S')
datetime.datetime(2020, 1, 2, 12, 30)
```

➤ 通过 timedelta 计算时间差值。

```
>>> from datetime import datetime, timedelta
>>> t = datetime.now()
>>> td = timedelta(days=100, hours=1, seconds=10)  # 100 天零 1 小时 10 秒
>>> t - td  # 100 天零 1 小时 10 秒之前的时间
datetime.datetime(2019, 2, 3, 12, 36, 50, 118713)
>>> t + td  # 100 天零 1 小时 10 秒之后的时间
datetime.datetime(2019, 8, 22, 14, 37, 10, 118713)
```

6.4.2 应用案例：根据时间取出文件内容

我们将上一个应用案例再做一遍，区别只是采用 datetime 时间对象。只要对上一个案例稍加修改即可。完整代码如下：

```
[root@myvm untitled]# vim cut_file2.py
from datetime import datetime

fname = 'myfile.txt'
t9 = datetime.strptime('2019-5-15 09:00:00', '%Y-%m-%d %H:%M:%S')
t12 = datetime.strptime('2019-5-15 12:00:00', '%Y-%m-%d %H:%M:%S')

with open(fname) as fobj:
    for line in fobj:
        t = datetime.strptime(line[:19], '%Y-%m-%d %H:%M:%S')
        if t > t12:
            break
        if t > t9:
            print(line, end='')

[root@myvm untitled]# python3 cut_file2.py
2019-05-15 09:01:02 cccc
2019-05-15 09:28:23 dddd
2019-05-15 10:42:58 eeee
2019-05-15 11:08:00 ffff
```

6.5　pickle 模块

本章所讲的案例都是将字符串写到文件里，如果我们想写入的是字典、列表或者数字行不行呢？代码如下：

```
>>> goods = {'apple': 5, 'banana': 6, 'egg': 4.5}
>>> with open('/tmp/goods.txt', 'w') as fobj:
...     fobj.write(goods)
...
Traceback (most recent call last):
  File "<stdin>", line 2, in <module>
TypeError: write() argument must be str, not dict
>>> with open('/tmp/goods.txt', 'wb') as fobj:
...     fobj.write(goods)
...
Traceback (most recent call last):
  File "<stdin>", line 2, in <module>
TypeError: a bytes-like object is required, not 'dict'
```

无论文件以 str 类型还是以 bytes 类型打开，都不能将字典写入文件。

6.5.1　pickle 模块应用

pickle 模块的作用是：可以将任意数据类型写入文件，还能无损地取出来。pickle 需要文件以 bytes 类型打开，通过 dump 将数据写入文件，通过 load 取出数据：

```
>>> import pickle
>>> goods = {'apple': 5, 'banana': 6, 'egg': 4.5}
>>> with open('/tmp/shop.data', 'wb') as fobj:
...     pickle.dump(goods, fobj)
...
>>> with open('/tmp/shop.data', 'rb') as fobj:
...     shopping = pickle.load(fobj)
...
>>> shopping
```

```
{'apple': 5, 'banana': 6, 'egg': 4.5}
>>> type(shopping)
<class 'dict'>
```

6.5.2 应用案例：记账

我们经常感叹：还没到月底，钱又花没了！于是你决定把每天的收支情况做记录。假设在你打算记账时，手上有 10 000 块钱，以此为基础进行记账。要求如下：

➢ 需要有记录收支的功能。

➢ 需要有查询的功能。

➢ 数据需要永久保存，程序结束也不能消失。

分析：经过这么多案例的讲解，相信大家已经有了一定的思路。在这个示例中，我们仍然先思考程序的运行方式。程序肯定是采用交互运行的方式了。首先屏幕上跳出菜单，询问用户需要执行什么操作，然后根据用户的选择进行记账或查询。因为用户可能需要执行多个操作，当某一个操作结束时，不要退出，再回到菜单供用户继续选择。

想好了程序的运作方式，再分析程序有哪些功能。这里应该有这样几个功能：记录收入、记录支出、查账。由于显示菜单部分的代码比较多，把它也写成一个功能函数。大体的框架如下：

```
def save():
    print('save')

def cost():
    print('cost')

def query():
    print('query')

def show_menu():
    print('menu')

if __name__ == '__main__':
```

```
        show_menu()
```

上面的框架和前面的一些案例类似,但这里有一个不一样的要求:数据是永久保存的。我们可以把数据保存在文件中。文件记录的字段如下:

```
    date        save        cost        balance     comment
```

上述字段分别表示时间、收入、开销、余额和备注。注意,这里的收入和开销不同时记录。我们可以把每一笔记录编写成一个列表,再把所有的记录放到一个大列表中,如下所示:

```
[
    ['2019-2-19', 0, 0, 10000, 'init'],
    ['2019-2-19', 15000, 0, 25000, 'salary'],
]
```

这里我们要把列表写入文件,而不是字符串,所以需要采用 pickle 模块。

由于每个功能函数都需要这个文件,可以把这个文件作为每个函数的参数进行传递。记账时需要有初始数据,再判断一下,如果记账文件不存在,则调用初始化函数:

```
[root@myvm untitled]# vim account.py
import pickle
from time import strftime

def init_data(fname):
    data = [
        [strftime('%Y-%m-%d'), 0, 0, 10000, 'init']
    ]
    with open(fname, 'wb') as fobj:
        pickle.dump(data, fobj)
```

完整代码如下:

```
import os
import pickle
from time import import strftime
```

```python
def init_data(fname):
    """数据的形式[时间，收入，开销，余额，备注]
    [
        ['2019-2-19', 0, 0, 10000, 'init'],
        ['2019-2-19', 15000, 0, 25000, 'salary'],
    ]
    """
    data = [
        [strftime('%Y-%m-%d'), 0, 0, 10000, 'init']
    ]
    with open(fname, 'wb') as fobj:
        pickle.dump(data, fobj)

def save(fname):                                          # 记录收入的函数
    amount = int(input('金额: '))                          # 询问金额
    comment = input('备注: ')
    date = strftime('%Y-%m-%d')                           # 取出当前日期
    with open(fname, 'rb') as fobj:
        record_list = pickle.load(fobj)                   # 取出存储的列表
    balance = record_list[-1][-2] + amount                # 计算最新余额
    record_list.append([date, amount, 0, balance, comment])
    with open(fname, 'wb') as fobj:                       # 把数据列表覆盖回文件
        pickle.dump(record_list, fobj)

def cost(fname):                                          # 记录支出的函数
    amount = int(input('金额: '))
    comment = input('备注: ')
    date = strftime('%Y-%m-%d')
    with open(fname, 'rb') as fobj:
        record_list = pickle.load(fobj)                   # 取出存储的列表
    balance = record_list[-1][-2] - amount
    record_list.append([date, 0, amount, balance, comment])
    with open(fname, 'wb') as fobj:                       # 把数据列表覆盖回文件
        pickle.dump(record_list, fobj)
```

```python
def query(fname):
    with open(fname, 'rb') as fobj:
        record_list = pickle.load(fobj)

        print('%-14s%-10s%-10s%-12s%-20s' % ('date', 'save', 'cost',
'balance', 'comment'))                           # 打印表头
        for record in record_list:               # 从大列表中取出小列表
            # tuple 函数用于将数据转成列表
            print('%-14s%-10s%-10s%-12s%-20s' % tuple(record))

def show_menu():
    cmds = {'0': save, '1': cost, '2': query}    # 将函数存入字典
    fname = 'record.data'                        # 记录数据的文件名
    if not os.path.exists(fname):                # 如果文件不存在, 则初始化
        init_data(fname)
    prompt = """(0) 收入
(1) 开销
(2) 查询
(3) 退出
请做出你的选择(0/1/2/3): """
    while True:
        choice = input(prompt).strip()
        if choice not in [str(i) for i in range(4)]:
            print('无效的输入, 请重试! ')
            continue
        if choice == '3':
            print('\nBye-bye')
            break
        cmds[choice](fname)              # 取出字典中的函数, 传递文件参数

if __name__ == '__main__':
    show_menu()
```

执行结果如下所示:

```
[root@myvm untitled]# python3 account.py
```

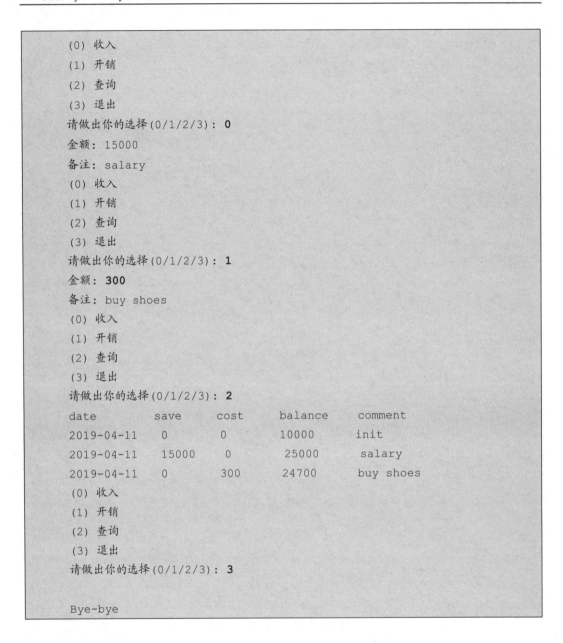

6.6 shutil 模块

本章我们自己编写了复制文件的程序,但实际上,Python 早已为我们准备好了这样的功能,我们只要调用相关的模块即可。

shutil 模块是对文件系统进行操作的一个常用模块,我们来看它的一部分常用功能。

➤ shutil.copyfileobj():将文件对象作为参数进行复制操作。

```
>>> import shutil
>>> fobj1 = open('/etc/hosts', 'rb')
>>> fobj2 = open('/tmp/zhuji', 'wb')
>>> shutil.copyfileobj(fobj1, fobj2)
>>> fobj1.close()
>>> fobj2.close()
```

那么系统自带的模块是怎么实现的呢?每个模块都有一个__file__属性,它记录了模块文件的路径:

```
>>> shutil.__file__
'/usr/local/lib/python3.7/shutil.py'
```

以下是 shutil.copyfileobj()的源码:

```
def copyfileobj(fsrc, fdst, length=16*1024):
    """copy data from file-like object fsrc to file-like object fdst"""
    while 1:
        buf = fsrc.read(length)
        if not buf:
            break
        fdst.write(buf)
```

看到了吧,shutil 模块的复制文件对象也没有什么神奇的地方,它与我们在文件操作知识点中写的代码是一样的。如果你不知道有这样的模块,完全可以自己写一个,但是如果你掌握了这个模块,就可以省很多事。

> 提示:在 PyCharm 编辑器中,可以按下 Ctrl 键,当把鼠标移动到模块名字上的时候,它就会变成超链接。单击超链接,打开模块文件。但是也要留心,PyCharm 是自动存盘的,如果一不小心改动了模块文件,这个模块很可能就被损坏了。

> shutil.copy()：复制文件，如果目标文件已存在，则会被覆盖。

```
>>> shutil.copy('/etc/passwd', '/tmp')
'/tmp/passwd'
```

shutil.copy()的底层用到了 shutil.copyfileobj，复制文件使用 copy 即可，无须再用 copyfileobj。

> shutil.copy2()：复制文件，如果目标文件已存在，则会被覆盖。

```
>>> help(shutil.copy2)
>>> shutil.copy2('/etc/passwd', '/tmp/mima')
```

查看 copy2()的帮助，得知 copy2()相当于 shell 命令 cp -p，其他与 copy()作用相同。

> shutil.move()：移动。

```
>>> shutil.move('/tmp/mima', '/var/tmp/')
```

> shutil.copytree()：复制目录。

```
>>> shutil.copytree('/etc/security', '/tmp/anquan')
```

> shutil.rmtree()：删除目录。

```
>>> shutil.rmtree('/tmp/anquan')
```

> shutil.chown()：修改属主属组。

```
>>> shutil.chown('/tmp/passwd', 3, 3)    # 使用 uid/gid 或用户名/组名均可
```

6.7 os 模块

对文件系统的访问大多通过 Python 的 os 模块实现，该模块是 Python 访问操作系统功能的主要接口。有些方法，如 copy()等，并没有提供，可以使用 shutil 模块作为补充。

os 模块的常用方法如下。

> os.getcwd()：获取当前目录。

```
>>> os.getcwd()                          # 相当于pwd命令
'/root/PycharmProjects/untitled'
```

- os.makedirs()：递归创建目录。

```
>>> os.makedirs('/tmp/aaa/bbb/ccc') # 相当于mkdir -p /tmp/aaa/bbb/ccc
```

- os.mkdir()：创建目录。

```
>>> os.mkdir('/tmp/demo')                # mkdir /tmp/demo
```

- os.listdir()：列出目录内容。

```
>>> os.listdir('/tmp/demo')              # ls
[]
```

- os.chdir()：切换目录。

```
>>> os.chdir('/tmp/demo')                # cd /tmp/demo
>>> os.listdir()                         # 列出当前目录内容
[]
```

- os.mknod()：创建空文件。

```
>>> os.mknod('mytest')
```

- os.symlink()：创建符号链接（软链接）。

```
>>> os.symlink('/etc/hosts', 'zhuji')
```

- os.unlink()：取消符号链接。

```
>>> os.unlink('zhuji')                   # unlink zhuji
```

- os.remove()：删除文件。

```
>>> os.remove('/var/tmp/mima')           # rm -f /var/tmp/mima
```

- os.path.abspath()：获取绝对路径。

```
>>> os.path.abspath('mytest')
'/tmp/demo/mytest'
```

- os.path.split()：切分路径。

  ```
  >>> os.path.split('/tmp/demo/mytest')
  ('/tmp/demo', 'mytest')
  ```

- os.path.join()：拼接路径。

  ```
  >>> os.path.join('/tmp/demo', 'mytest')
  '/tmp/demo/mytest'
  ```

- os.path.basename()：从文件名中剥离目录和后缀。

  ```
  >>> os.path.basename('/tmp/demo/mytest')
  'mytest'
  ```

- os.path.dirname()：从文件名中剥离非目录的后缀。

  ```
  >>> os.path.dirname('/tmp/demo/mytest')
  '/tmp/demo'
  ```

- os.path.getsize()：获取文件大小。

  ```
  >>> os.path.getsize('/etc/passwd')
  2056
  ```

- os.path.isfile()：判断是否存在，并且是文件。

  ```
  >>> os.path.isfile('/etc/hosts')
  True
  ```

- os.path.isdir()：判断是否存在，并且是目录。

  ```
  >>> os.path.isdir('/etc/hosts')
  False
  ```

- os.path.islink()：判断是否存在，并且是链接文件。

  ```
  >>> os.path.islink('/etc/hosts')
  False
  ```

- os.path.ismount()：判断是否存在，并且是挂载点。

```
>>> os.path.ismount('/')
True
```

- os.path.exists()：是否存在，存在为真，不存在为假。

```
>>> os.path.exists('/etc/hosts')
True
```

6.8 hashlib 模块

hashlib 模块用于计算哈希值。哈希算法将任意长度的二进制值映射为较短的固定长度的二进制值，这个二进制值被称为哈希值。它是一种单向密码体制，即它是一个从明文到密文的不可逆的映射，只有加密过程，没有解密过程。

可以简单地理解为输入源数据，能够得到一串固定长度的"乱码"，只要源数据相同，得到的"乱码"也是相同的；源数据哪怕只有一比特不同，"乱码"也将会完全不同。如果得到的是"乱码"，将不能回推出源数据。

哈希算法经常用于存储加密的密码或者对文件进行校验。

6.8.1 hashlib 模块的使用方法

hashlib 模块支持 md5、sha1、sha256、sha384、sha512 等多种哈希算法。这里我们以 md5 值为例：

```
>>> import hashlib
>>> m = hashlib.md5(b'123456')
>>> m.hexdigest()
'e10adc3949ba59abbe56e057f20f883e'
>>> m2 = hashlib.md5(b'123456')
>>> m2.hexdigest()
'e10adc3949ba59abbe56e057f20f883e'
>>> m3 = hashlib.md5(b'123457')
>>> m3.hexdigest()
'f1887d3f9e6ee7a32fe5e76f4ab80d63'
```

m 和 m2 都是计算 123456 的 md5 值，因为源数据相同，所以得到的结果也是一样的；而 m3 的源数据是 123457，它计算出来的 md5 值与 m 的 md5 值完全不一样。

如果需要计算的数据量非常大，则可以把数据分成许多段，逐段进行更新，得到最终的值：

```
>>> m4 = hashlib.md5()          # 创建 md5 对象
>>> m4.update(b'12')            # 更新 md5 对象
>>> m4.update(b'34')
>>> m4.update(b'56')
>>> m4.hexdigest()
'e10adc3949ba59abbe56e057f20f883e'
```

通过以上案例，可以看出，不管是一次性计算出 123456 的 md5 值，还是分 3 次进行更新，其结果是一致的。

6.8.2 应用案例：计算文件的 md5 值

➢ 通过位置参数给定待计算 md5 值的文件。

➢ 计算后的值打印在屏幕上。

分析：因为文件有可能很大，所以需要将文件分割成很多小段进行更新。代码如下：

```
[root@myvm untitled]# vim check_md5.py
import hashlib
import sys


def check_md5(fname):
    m = hashlib.md5()

    with open(fname, 'rb') as fobj:
        while True:
            data = fobj.read(4096)
            if not data:
                break
            m.update(data)
```

```
        return m.hexdigest()

if __name__ == '__main__':
    print(check_md5(sys.argv[1]))


[root@myvm untitled]# python3 check_md5.py /etc/hosts
54fb6627dbaa37721048e4549db3224d
```

6.9 tarfile 模块

tarfile 模块可以读写 tar 文件，包括使用 gzip、bz2 和 lzma 压缩的文件。

对文件的操作可以分为 3 个步骤：打开，读写，关闭。tarfile 操作的是 tar 归档文件，既然是文件，那么它也可以分成这样几个步骤。

6.9.1 tarfile 模块的使用方法

像普通文件一样，tarfile 打开也有模式，常用的打开模式如表 6-2 所示。

表 6-2　tarfile 文件常用的打开模式

模　　式	说　　明
'r' 或 'r:*'	以透明压缩方式打开阅读（推荐）
'r:'	读方式打开，没有压缩
'r:gz'	读取 gzip 压缩的文件
'r:bz2'	读取 bzip2 压缩的文件
'r:xz'	读取 lzma 压缩的文件
'w' or 'w:'	写入归档文件，不压缩
'w:gz'	写入归档文件，以 gzip 方式压缩
'w:bz2'	写入归档文件，以 bzip2 方式压缩
'w:xz'	写入归档文件，以 lzma 方式压缩

压缩文件时，既可以压缩单个文件，也可以压缩整个目录：

```
>>> import tarfile
# 创建压缩文件/tmp/mytest.tar.gz
>>> tar = tarfile.open('/tmp/mytest.tar.gz', 'w:gz')
>>> tar.add('/etc/hosts')     # 压缩文件到压缩包中
>>> tar.add('/var/log/')      # 压缩目录到压缩包中
>>> tar.close()               # 关闭文件
[root@myvm untitled]# file /tmp/mytest.tar.gz   # 查看文件类型
/tmp/mytest.tar.gz: gzip compressed data, was "mytest.tar", last modified: Tue May  7 21:16:31 2019, max compression
```

解压文件时，既可以解压单个文件，也可以整体解压缩：

```
>>> import os
>>> os.mkdir('/tmp/mydir')                          # 创建目录
>>> tar = tarfile.open('/tmp/mytest.tar.gz', 'r')   # 打开文件
>>> tar.getnames()                                  # 获取压缩文件列表
>>> tar.extract('etc/hosts', '/tmp/mydir')          # 解压指定文件到指定目录
>>> os.chdir('/tmp/mydir')                          # 切换目录
>>> tar.extractall()                                # 解压全部文件到当前目录
>>> tar.close()
```

6.9.2 应用案例：备份程序

编写备份程序，要求如下：

> 对指定目录，周一执行完全备份。

> 其他日期执行增量备份。

分析：周一执行完全备份，其他日期执行增量备份，这个可以通过 Linux 的计划任务实现，如每天晚上 22:00 执行备份脚本。在备份脚本中判断时间，如果是周一，则执行完全备份，否则执行增量备份。

完全备份和增量备份都需要做哪些工作呢？我们首先想到的是，完全备份就是把要备份的目录打一个 tar 包完事，那么增量备份呢？增量备份要做的是，找出目录中哪些文件是新增的、哪些文件是修改过的，把这样的文件打包到 tar 包中。那么，又如何知道哪些文件需要备份呢？我们可以通过比较 md5 值的方式判断文件是否需要备份。

备份文件时，将每个文件的 md5 值都记录下来，存到字典中，文件名作为 Key，md5 值作为 Value。下一次备份时，再把所有文件的 md5 值计算一遍，写到新字典中。如果新字典的 Key，也就是文件名，没有出现在前一天的字典中，意味着这个文件是新增的；如果新老两个字典都有相同的 Key，但是 Value 不一样，则意味着文件已改变。

通过以上分析得知，我们在备份的时候，需要的功能有完全备份、增量备份、计算 md5 值。执行备份操作时，需要知道备份的源目录和目标目录及记录 md5 值的文件（因为执行增量备份时，需要把前一天的 md5 值记录在文件中以便实现永久保存）。

假设需要备份的文件是 /tmp/demo/security/ 目录，备份的目标目录是 /tmp/demo/backup，我们准备以下测试环境：

```
>>> import os
>>> os.makedirs('/tmp/demo/backup')
>>> import shutil
>>> shutil.copytree('/etc/security', '/tmp/demo/security/')
```

根据以上分析，首先我们将备份程序的框架编写如下：

```
[root@myvm untitled]# vim backup.py
from time import strftime

def check_md5(fname):
    pass


def full_backup(src_dir, dst_dir, md5file):
    pass


def incr_backup(src_dir, dst_dir, md5file):
    pass


if __name__ == '__main__':
    src_dir = '/tmp/demo/security'
    dst_dir = '/var/tmp/backup'
    md5file = '/var/tmp/backup/md5.data'
    if strftime('%a') == 'Mon':
```

```
        full_backup(src_dir, dst_dir, md5file)
    else:
        incr_backup(src_dir, dst_dir, md5file)
```

接下来要考虑的是,备份文件该怎么命名。如果只是命名为 security.tar.gz,那么每天程序运行后都只是留下来一个文件,这是不合适的。经过慎重考虑,文件名应该包含备份的目录名、备份的类型及时间。所以完全备份的文件名应该是这样的:security_full_20190507.tar.gz,而增量备份的文件名是 security_incr_20190508.tar.gz。

我们看这个名称是怎么构建出来的。首先,security 是备份目录的名字,它可以这样取出来:

```
>>> src_dir = '/tmp/demo/security'
>>> os.path.basename(src_dir)
'security'
```

但是如果给定的路径结尾有/,就会有所不同:

```
>>> src_dir = '/tmp/demo/security/'
>>> os.path.basename(src_dir)
''
```

为了不管 security 后面是否有/,都能把 security 取出来,需要把 security 结尾可能存在的/移除。字符串的 rstrip()方法默认删除的是右侧的空白字符,也可以指定删除一些字符。解决方法如下:

```
>>> src_dir.rstrip('/')
'/tmp/demo/security'
>>> os.path.basename(src_dir.rstrip('/'))
'security'
```

获取了目录名之后,再把压缩文件的绝对路径一步一步拼出来:

```
>>> from time import strftime
>>> dst_dir = '/var/tmp/backup'
>>> fname = os.path.basename(src_dir.rstrip('/'))
>>> fname = '%s_full_%s.tar.gz' % (fname, time.strftime('%Y%m%d'))
```

```
>>> fname
security_full_20190508.tar.gz'
>>> fname = os.path.join(dst_dir, fname)
>>> fname
'/var/tmp/backup/security_full_20190508.tar.gz'
```

目标文件的绝对路径已经拼出来了。还有一个棘手的问题：如何把每个文件的绝对路径拼出来呢？security 目录下除了有文件，还有子目录，子目录下还有文件。

我们先通过系统命令观察一下该目录的结构：

```
[root@myvm untitled]# tree /tmp/demo/security/
/tmp/demo/security/
├── access.conf
├── chroot.conf
├── console.apps
│   ├── config-util
│   ├── liveinst
│   ├── setup
│   └── xserver
├── console.handlers
├── console.perms
├── console.perms.d
├── group.conf
├── limits.conf
├── limits.d
│   └── 20-nproc.conf
├── namespace.conf
├── namespace.d
├── namespace.init
├── opasswd
├── pam_env.conf
├── pwquality.conf
├── sepermit.conf
└── time.conf

4 directories, 18 files
```

os 模块中有 listdir()方法，它只能列出给定路径下的文件和目录，不能像 ls 命令一样递归列出所有子项。这时候，你是不是想到了，在讲解函数时，递归函数可以解决这个问题。别急，os 模块还有一个 walk()方法能帮我们实现这个目的：

```
>>> os.walk(src_dir)
<generator object walk at 0x7fc9c736d930>
```

os.walk()方法返回的是生成器对象，可以把它转成列表，观察返回值：

```
>>> list(os.walk(src_dir))
[('/tmp/demo/security/', ['console.apps', 'console.perms.d',
'limits.d', 'namespace.d'], ['pwquality.conf', 'access.conf',
'chroot.conf', 'console.handlers', 'console.perms', 'group.conf',
'limits.conf', 'namespace.conf', 'namespace.init', 'opasswd',
'pam_env.conf', 'sepermit.conf', 'time.conf']),
('/tmp/demo/security/console.apps', [], ['xserver', 'config-util',
'liveinst', 'setup']), ('/tmp/demo/security/console.perms.d', [], []),
('/tmp/demo/security/limits.d', [], ['20-nproc.conf']),
('/tmp/demo/security/namespace.d', [], [])]
```

不要被返回的列表吓到，遇到这样的结构应该认真分析一下。只要有耐心，你就会发现它并不像看上去那么复杂。列表中的每一项都是元组，元组又包含三部分，分别是路径字符串、该路径下的目录列表和该目录下的文件列表。每个元组的路径字符串正是我们需要递归遍历的目录。本例中需要得到的是全部文件的绝对路径，只要把路径字符串和文件列表中的每个文件进行拼接即可：

```
>>> for path, folders, files in os.walk(src_dir):
...     for file in files:
...         os.path.join(path, file)
...
'/tmp/demo/security/pwquality.conf'
'/tmp/demo/security/access.conf'
'/tmp/demo/security/chroot.conf'
……
```

完整代码如下:

```
[root@myvm untitled]# vim backup.py
import os
import tarfile
import hashlib
import pickle
from time import strftime

def check_md5(fname):
    '接收文件名,返回文件的md5值'
    m = hashlib.md5()

    with open(fname, 'rb') as fobj:
        while True:
            data = fobj.read(4096)
            if not data:
                break
            m.update(data)

    return m.hexdigest()

def full_backup(src_dir, dst_dir, md5file):
    # 拼接目标文件的绝对路径
    fname = os.path.basename(src_dir.rstrip('/'))
    fname = '%s_full_%s.tar.gz' % (fname, strftime('%Y%m%d'))
    fname = os.path.join(dst_dir, fname)
    # 创建用于保存md5值的字典
    md5dict = {}

    # 把整个目录打包压缩
    tar = tarfile.open(fname, 'w:gz')
    tar.add(src_dir)
    tar.close()

    # 计算每个文件的md5值,存入字典
```

```python
    for path, folders, files in os.walk(src_dir):
        for each_file in files:
            key = os.path.join(path, each_file)
            md5dict[key] = check_md5(key)

    # 将字典通过pickle存到文件中
    with open(md5file, 'wb') as fobj:
        pickle.dump(md5dict, fobj)


def incr_backup(src_dir, dst_dir, md5file):
    fname = os.path.basename(src_dir.rstrip('/'))
    fname = '%s_incr_%s.tar.gz' % (fname, strftime('%Y%m%d'))
    fname = os.path.join(dst_dir, fname)
    md5dict = {}

    # 取出前一天文件的md5值字典
    with open(md5file, 'rb') as fobj:
        oldmd5 = pickle.load(fobj)

    # 计算当前所有文件的md5值
    for path, folders, files in os.walk(src_dir):
        for each_file in files:
            key = os.path.join(path, each_file)
            md5dict[key] = check_md5(key)

    # 更新md5字典
    with open(md5file, 'wb') as fobj:
        pickle.dump(md5dict, fobj)

    # 新增的文件和有变化的文件才进行备份
    tar = tarfile.open(fname, 'w:gz')
    for key in md5dict:
        if oldmd5.get(key) != md5dict[key]:
            tar.add(key)
```

```python
        tar.close()

if __name__ == '__main__':
    src_dir = '/tmp/demo/security'
    dst_dir = '/var/tmp/backup'
    md5file = '/var/tmp/backup/md5.data'
    if strftime('%a') == 'Mon':
        full_backup(src_dir, dst_dir, md5file)
    else:
        incr_backup(src_dir, dst_dir, md5file)
```

第 7 章 面向对象

　　"山和水的融合,是静和动的搭配,单调与精彩的结合,也就组成了最美的风景。"以往的编程模式,数据和行为这两者是分离的,不能直观地反映出现实世界的事物。面向对象编程,即 OOP,将现实世界的事物进行抽象,实现静态数据与函数动作的统一,创造出称作 class 的"模型"。将数据和行为封装到这个"模型"中,再根据"模型"创建实体,由实体引发事件。

7.1 OOP 基础

试想一下，你正在编写一个游戏程序。游戏中的人物有多种角色，如法师、战士、刺客等。那么你如何表示出这样一个游戏的人物呢？

按照我们之前所学的知识，先分析游戏人物需要有一些属性。如玩家创建的游戏人物总该有个名字吧，还得有性别、职业等，手里需要拿件兵器等，这些都是数据，是人物具有的属性。游戏人物除了具有这些基本属性，还应该拥有一些行为能力，如可以走或跑，使他产生位移。一般来说，他还会具有攻击的行为，能够"打怪升级"或者与其他玩家 PK。

对于人物的属性，可以放到字典里：

```
>>> lvbu = {
...     'name': '吕布',
...     'occupation': '战士',
...     'eapon': '方天画戟'
... }
```

人物的行为就需要编写函数了：

```
>>> def attack():
...     pass
...
>>> def walk():
...     pass
...
```

按照以上方式虽然可以实现人物的属性，但是数据与函数不相关。游戏人物可以走，可以攻击，但是函数无法体现行为的主体。人物属性的字典也可能会过于复杂，如武器不能只是一个字符串，武器是各种各样的（如战士有刀枪剑戟，法师有各种法杖），它也有相关的属性（如质量、攻击力等）。

这样的问题，使用 OOP（Object Oriented Programming，面向对象编程）的方式将会迎刃而解。OOP首先要思考的是，我们要创建的游戏人物有哪些共同的特点，把这些特点找出来创建一个类（class）。如我们一提到鸟，就会想到鸟的样子：有羽毛、两只脚、能飞；一提到鱼，就想到它们有鳞片，能在水中呼吸，会游泳。那么我们要创建的游戏人物有什么特点呢？游戏人物有非常多的共同特点，我们姑且只用上一段中提到的，游戏人物有名字，有武器，能走，能攻击。下面创建这个类：

```python
class GameCharacter:
    def __init__(self, name, weapon):
        self.name = name
        self.weapon = weapon

    def walk(self):
        print('Walking...')

    def speak(self):
        print('%s在此' % self.name)

    def attack(self, target):
        print('Attack %s' % target)
```

class是关键字，紧跟在它后面的是类名，类名建议使用驼峰的形式，也就是多个单词每个单词的首字母都大写。

类中有三个函数，不过在类中的函数有另一个专有名词——方法。它和以前学习到的函数没有区别，只不过换了个名字而已。每个方法都至少有一个参数，当通过实例调用方法的时候，实例自动作为第一个参数传递。因为表示实例本身，Python使用self作为参数名，Java使用this。但是，这只是一个惯例而已，并不是必须的，你可以随意命名。

__init__()方法是类中众多特殊方法中的一个，这种以双下画线开头结尾的方法也被称作magic魔法方法。__init__()方法在实例化时可以自动调用。

有了游戏人物类，当玩家需要创建一个游戏人物的时候，就可以通过游戏人物类创建一个具体的实例对象。这个实例对象自动具有类中所定义的属性和方法。代码如下：

```
>>> lvbu = GameCharacter('吕布', '方天画戟')
```

创建实例就像调用函数一样，在类的后面加上一对圆括号，把参数放到括号中。实例化自动调用__init__()方法，也就是说参数是传递给__init__()方法的。但是__init__()方法明明有三个参数，为什么只传递了两个呢？实例作为第一个参数传递给了 self，吕布和方天画戟分别传递给了 name 和 weapon。

刚刚接触 OOP 时，经常不明白 self.name=name、self.weapon=weapon 是什么意思。这里一定要注意，定义方法时，name 和 weapon 是形式参数，只是占一个位置；调用方法时，name、weapon 及 self 都有了值（self=lvbu），本质上是这样的：

```
>>> lvbu.name = '吕布'
>>> lvbu.weapon = '方天画戟'
```

因此，__init__()方法一般用来初始化实例的属性，将属性值绑定到实例身上。很多玩家创建游戏人物时，都想起名为"吕布"，但是只有把这个名字绑定到一个具体的实例上时，才算是确定下来到底哪个人物叫"吕布"。之前"吕布"只是一个名字，不属于任何实例对象。一旦将属性绑定到实例上，这个属性就可以在类中的任意位置使用；没有绑定到实例上的属性，仍然只是方法的局部变量，只能在该方法内使用。

实例创建完成后，它就具备了类中为它定义的方法：

```
>>> lvbu.walk()
Walking...
>>> lvbu.speak()
吕布在此
>>> lvbu.attack('董卓')
Attack 董卓
```

这些方法是不是看着很眼熟？我们在学习其他对象时，也是用"对象.方法"进行调用的，例如列表：

```
>>> alist = [1, 2, 3]
>>> type(alist)
<class 'list'>
>>> alist.append(4)
```

列表 alist 实际上是 list 类的一个实例，append 是在 list 类中定义的一个方法。

当我们调用 lvbu.speak()时，实例 lvbu 自动作为第一个参数传递给了 self，这个方法中的 self.name 也就变成了 lvbu.name。

创建好了游戏人物类，为每个玩家创建游戏人物就非常简单了：只要像函数调用一样执行实例化就可以。通过类创建出来的每个实例都有类中的属性和方法：

```
>>> guanyu = GameCharacter('关羽', '青龙偃月刀')
>>> zhangfei = GameCharacter('张飞', '蛇矛')
>>> guanyu.speak()
关羽在此
>>> zhangfei.speak()
张飞在此
```

7.2 OOP 常用编程方式之组合

当两个类明显不同，其中的一个类是另一个类的组件时，组合这种方式是非常适合的。在游戏人物这个类中，武器不能只提供一个名字，武器也拥有很多属性，如它的攻击力是多少，属于物理攻击还是魔法攻击。而且武器种类繁多，既有战士用的刀枪剑戟，也有法师用的各式法杖。

武器的属性不是人物的属性，保存到人物类中既臃肿，又不合适。专门为武器创建一个类是更好的解决方案：

```
class Weapon:
    def __init__(self, wname, type, strength):
        self.name = wname
        self.type = type
        self.strength = strength
```

人物使用什么样的武器，可以先创建武器，再绑定到人物实例身上：

```
>>> blade = Weapon('青龙偃月刀', '物理攻击', 100)
>>> guanyu.weapon = blade
```

由于 blade 是 weapon 的实例，它也有相应的属性。它绑定在了人物对象上，可以通过以下形式获得：

```
>>> guanyu.weapon.name
'青龙偃月刀'
>>> guanyu.weapon.type
'物理攻击'
>>> guanyu.weapon.strength
100
```

通过组合，完美地实现了人物和武器的分离。编写人物代码时，只要考虑人物有哪些特性即可；他使用什么样的武器，只要实例化一个武器对象就行。武器类就像一个武器工厂或武器仓库，它能生产各式各样的兵刃供人物选择。

7.3　OOP 常用编程方式之继承

两个类明显不同，一个类是另一个类的组件，用组合的方式工作得很好。但是如果两个类有非常多的相似之处，只有一部分不同时，使用继承能够取得更好的效果。

游戏中的人物有各种职业，如战士、法师、刺客等。他们有很多相同的地方，如他们的基本属性（名字、性别、头发颜色、武器、盔甲等），以及一些方法（都能走、有攻击行为）。

各种职业的游戏人物，他们有很多属性、行为都是一致的，但是每种职业还有自己特有的行为。如战士能施放的技能都是一样的，但是与法师的技能完全不一样。我们不能把所有职业的技能都写到同一个类中，这样就需要单独创建战士类、法师类、刺客类等。然而，这些类又有大量相同的代码，难道要把这些相同的代码复制粘贴到每一个类中吗？继承允许我们利用父类（也称作基类）创建子类，子类自动继承父类的属性和方法。

```
class Mage(GameCharacter):
    def fly(self):
        print('法师可以飞行')
```

```
>>> lijing = Mage('李靖', '宝塔')
>>> lijing.speak()
李靖在此
>>> lijing.fly()
法师可以飞行
```

定义法师 Mage 类时，类名后面的括号中不是参数，而是 Mage 类的父类。在创建实例 lijing 时，仍然需要调用__init__方法，但是子类中没有该方法，程序自动到父类中查找__init__方法。

即使在子类中没有定义，实例 lijing 也能拥有 speak 方法，这是从父类继承过来的。子类中又创建了 fly 方法，lijing 也能拥有子类方法。但是，父类的实例是不能拥有子类方法的。

以上示例的类声明的完整代码如下：

```
class Weapon:
    def __init__(self, wname, type, strength):
        self.name = wname
        self.type = type
        self.strength = strength

class GameCharacter:
    def __init__(self, name, weapon):
        self.name = name
        self.weapon = weapon

    def walk(self):
        print('Walking...')

    def speak(self):
        print('%s在此' % self.name)

    def attack(self, target):
        print('Attack %s' % target)
```

```
class Mage(GameCharacter):
    def fly(self):
        print('法师可以飞行')
```

7.4 多重继承

子类可以拥有多个父类,子类对象拥有所有类的方法:

```
>>> class A:
...     def foo(self):
...         print('A foo')
...
>>> class B:
...     def bar(self):
...         print('B foo')
...
>>> class C(A, B):
...     def foobar(self):
...         print('C foobar')
...
>>> c = C()
>>> c.foo()
A foo
>>> c.bar()
B foo
>>> c.foobar()
C foobar
```

如果各个类中有同名方法,则实例在调用方法时,查找的顺序是自下向上,自左向右,在哪个类中先查找到,就使用哪个类的方法:

```
>>> class A:
...     def fn(self):
...         print('A fn')
...
```

```
>>> class B:
...     def fn(self):
...         print('B fn')
...
>>> class C(A, B):
...     def fn(self):
...         print('C fn')
...
>>> c = C()
>>> c.fn()
C fn
```

c 是 C 类的实例，执行 fn()方法时，首先在 C 中查找，一旦找到立即执行，不再继续查找。代码如下：

```
>>> class A:
...     def fn(self):
...         print('A fn')
...
>>> class B:
...     def fn(self):
...         print('B fn')
...
>>> class C(A, B):
...     pass
...
>>> c = C()
>>> c.fn()
A fn
```

在 C 的基类中，A 在左，B 在右，因此优先执行 A 类中的方法。如果 B 在左，A 在右，则优先执行 B 类中的方法。

7.5 "魔法"方法

类中有很多以双下画线开头结尾的方法,这些方法被称作"魔法"方法(magic)。常见的需要掌握的"魔法"方法如下。

> __init__：实例化时自动调用。

> __str__：打印实例时调用。

> __call__：让实例可以像函数一样被调用。

代码如下所示：

```
>>> class Book:
...     def __init__(self, title, author):
...         self.title = title
...         self.author = author
...
>>> sanguo = Book('三国演义', '罗贯中')
>>> print(sanguo)        # 打印出来的是Book在内存中的地址
<__main__.Book object at 0x7fc9c7295630>
>>> class Book:
...     def __init__(self, title, author):
...         self.title = title
...         self.author = author
...     def __str__(self):
...         return '《%s》' % self.title
...
>>> sanguo = Book('三国演义', '罗贯中')
>>> print(sanguo)        # 打印的是__str__方法中定义的字符串
《三国演义》
>>> sanguo()             # 实例不可调用
Traceback (most recent call last):
  File "<stdin>", line 1, in <module>
TypeError: 'Book' object is not callable
```

```
>>> class Book:
...     def __init__(self, title, author):
...         self.title = title
...         self.author = author
...     def __str__(self):
...         return '《%s》' % self.title
...     def __call__(self):
...         print('《%s》是%s编著的' % (self.title, self.author))
...
>>> sanguo = Book('三国演义', '罗贯中')
>>> sanguo()        # 调用__call__方法
《三国演义》是罗贯中编著的
```

第8章 数据仓库

"踏破铁鞋无觅处,得来全不费工夫。"我们平时经常要操作各种各样的数据。数据量很小的时候,使用简单的电子表格就足以胜任了。然而,当数据量非常大的时候,想要在电子表格文件中检索数据、修改数据等,就没有那么轻松了,此时你需要的是一个数据库系统。数据库系统实现了整体数据的结构化,助你轻松管理数据。

8.1 案例需求分析

假设我们正在为一家名为飞志网络技术有限公司的小公司编写一个数据库。我们需要记录员工的基本信息，并且把每个月发工资的情况记录下来。

经过调查、分析，需要记录的信息有员工姓名、性别、出生日期、联系方式、部门、工资日、基本工资、奖金、总工资等（当然还可能有更多的数据项，这里只列出一部分）。那么我们怎么记录这些信息呢？把这些信息都放到一个表里吗？如果把所有的数据都放在同一张表里会有很多问题，如数据冗余、数据不一致。员工的信息包括很多项，只有一张表，意味着每个月开一次工资就要添加一行记录，每一次记录都要把员工信息填写一遍，这就出现了大量的数据冗余；记录员工所在部门时，还可能造成数据不一致，如某位员工的部门，第一次记录写的是"人事"，下一次写的是"人事部"，再下一次写的又是"人力资源部"。

为了减少数据冗余、避免数据不一致，可以通过创建多张表来实现。我们把这些字段放到 3 张表里。

> 员工表：员工姓名、性别、出生日期、联系方式、部门 ID。

> 部门表：部门 ID、部门名称。

> 工资表：员工姓名、工资日、基本工资、奖金、总工资。

这样就可以了吗？需要注意的是，我们平时常用的 MySQL、SQL Server 和 Oracle 等都是关系型数据库。关系型数据库对表和字段是有要求的，其中一个很重要的概念是"数据库范式"。数据库范式有第一范式、第二范式、第三范式、巴斯-科德范式、第四范式、第五范式 6 种。如果达到了第五范式就是完美范式了。然而完美的事物在现实世界中不容易找到，数据库也一样，一般说来，数据库只需满足第三范式就行了。

所谓第一范式，指在关系模型中，对域添加的一个规范要求，所有的域都应该是原子性的，即数据库表的每一列都是不可分割的原子数据项，而不能是集合、数组、记录等非原子数据项。观察一下员工表中联系方式这个字段，它可以由家庭住址、电话号码、e-mail 地址等项构成，所以这个字段需要进一步拆分。我们这里姑且不记录那么多项，只保留 e-mail 字段。

第二范式是在第一范式的基础上建立起来的，即满足第二范式必须先满足第一范式。第二范式要求数据库表中的每个实例或记录必须可以被唯一地区分。可以简单地理解为每张表都需要一个主键字段。在员工表中，无论哪一项都不适合作为主键，主键是不能重复的。员工一般都有一个不重复的员工 ID，这一项作为主键最为合适。部门表的部门 ID 作为主键是理想的选择。相应地，工资表就不要再记录员工姓名了，因为每个月都填写员工姓名，也是数据冗余，将其改为员工 ID 更好一些。既然每个月都需要为员工发工资，员工 ID 也是重复的，无法成为员工表的主键，干脆就在这个表里增加一个名为 id 的字段作为主键，这仅仅是因为现有字段没有合适的。

第三范式是第二范式的一个子集，即满足第三范式必须满足第二范式。第三范式要求任何非主属性不得传递依赖于主属性。观察工资表，总工资是通过基本工资和奖金计算出来的，而基本工资和奖金并不是主键，所以总工资不应该出现在表中，当需要的时候，通过程序临时计算即可。

这样，所需的 3 张表最终拥有的字段是这样的。

- ➢ 员工表：员工 ID、员工姓名、出生日期、e-mail、部门 ID。
- ➢ 部门表：部门 ID、部门名称。
- ➢ 工资表：id、工资日、员工 ID、基本工资、奖金。

为了把这些信息存入数据库的表中，首先创建一个数据库。本例采用 CentOS 7 系统自带的 MariaDB（与 MySQL 使用方法完全相同）：

```
[root@myvm ~]# yum install -y mariadb-server
[root@myvm ~]# systemctl start mariadb
[root@myvm ~]# systemctl enable mariadb
[root@myvm ~]# mysqladmin password 123456
[root@myvm ~]# mysql -uroot -p123456
MariaDB [(none)]> CREATE DATABASE feizhi DEFAULT CHARSET utf8;
Query OK, 1 row affected (0.00 sec)
```

8.2 安装非标准模块的方法

连接 MySQL 可以使用 PyMySQL 模块,然而这个模块并没有默认安装。安装模块最为简捷的办法是通过 pip 工具在线安装。pip 工具默认连接 PyPI(Python Package Index)官方站点进行下载安装。然而这个网站不在国内,安装速度往往比较慢,最好修改为国内镜像站点。我们这里以改成网易为例:

```
[root@myvm untitled]# mkdir ~/.pip/
[root@myvm untitled]# vim ~/.pip/pip.conf
[global]
index-url = http://mirrors.163.com/pypi/simple/
[install]
trusted-host=mirrors.163.com
```

配置好安装源,安装 PyMySQL 模块,通过以下方式进行:

```
[root@myvm untitled]# pip3 install pymysql
```

这就相当于在手机上安装软件,先找到软件市场,点击安装,从下载到安装全部自动完成。PyPI 就是 Python 的软件市场。

8.3 通过 PyMySQL 模块操作 MySQL 数据库

PyMySQL 模块用起来非常直接。首先创建到服务器的连接。然后创建一个游标,这个游标类似打开文件返回的文件对象,通过文件对象对文件进行读写操作,通过游标执行操作数据库的 SQL 语句。如果是增删改这样的对数据有改变的语句,则需要 commit 确认。最后关闭游标,关闭连接。

下面我们通过 PyMySQL 在数据库中创建 3 张表:

```
[root@myvm untitled]# vim create_table.py
import pymysql
```

```python
# 连接数据库
conn = pymysql.connect(
    host='127.0.0.1',
    port=3306,
    user='root',
    passwd='123456',
    db='feizhi',
    charset='utf8'
)

# 创建游标
cursor = conn.cursor()

# 定义创建部门表的SQL语句
create_dep = '''CREATE TABLE departments(
dep_id INT, dep_name VARCHAR(50),
PRIMARY KEY(dep_id)
)'''
# 定义创建员工表的语句,与部门表具有外键约束
create_emp = '''CREATE TABLE employees(
emp_id INT, emp_name VARCHAR(50), email VARCHAR(50), dep_id INT,
PRIMARY KEY(emp_id), FOREIGN KEY(dep_id) REFERENCES departments(dep_id)
)'''
# 定义创建工资表的语句,与员工表有外键约束
create_sal = '''CREATE TABLE salary(
id INT, date DATE, emp_id INT, basic INT, awards INT,
PRIMARY KEY(id), FOREIGN KEY(emp_id) REFERENCES employees(emp_id)
)'''

# 通过游标执行SQL语句
cursor.execute(create_dep)
cursor.execute(create_emp)
cursor.execute(create_sal)

# 确认更改
conn.commit()
```

```
# 关闭游标，关闭到数据库的连接
cursor.close()
conn.close()
[root@myvm untitled]# python3 create_table.py
```

通过 CLI 连接数据库，检查是否创建成功：

```
[root@myvm ~]# mysql -uroot -p123456
MariaDB [(none)]> USE feizhi;
MariaDB [feizhi]> SHOW TABLES;
+------------------+
| Tables_in_feizhi |
+------------------+
| departments      |
| employees        |
| salary           |
+------------------+
3 rows in set (0.00 sec)

MariaDB [feizhi]>
```

建立好表后，就可以对表进行增删改查了。首先，向表中插入一些数据，由于3张表都是有关系的，必须先向部门表中添加数据，否则无法添加员工；然后，向员工表中插入数据；最后，才能向工资表中插入数据。代码如下：

```
[root@myvm untitled]# vim dbop.py
import pymysql

conn = pymysql.connect(
    host='127.0.0.1',
    port=3306,
    user='root',
    passwd='123456',
    db='feizhi',
    charset='utf8'
)
cursor = conn.cursor()
```

```
    insert_dep = 'INSERT INTO departments VALUES(%s, %s)'
    cursor.executemany(insert_dep, [(1, '人事部')])  # 增加一条记录
    # 增加多条记录
    deps = [(2,'财务部'), (3,'运维部'), (4,'开发部'), (5,'测试部'), (6,'市场部')]
    cursor.executemany(insert_dep, deps)

    conn.commit()
    cursor.close()
    conn.close()
    [root@myvm untitled]# python3 dbop.py

    MariaDB [feizhi]> SELECT * FROM departments;
    +--------+----------+
    | dep_id | dep_name |
    +--------+----------+
    |      1 | 人事部    |
    |      2 | 财务部    |
    |      3 | 运维部    |
    |      4 | 开发部    |
    |      5 | 测试部    |
    |      6 | 市场部    |
    +--------+----------+
    6 rows in set (0.02 sec)

    MariaDB [feizhi]>
```

查询数据与创建表、添加记录的操作一样，只是换一下 SQL 语句而已。查询到的内容通过游标的 fetch 方法取出，fetchone()方法取出结果中的第一条记录，fetchmany()方法取出指定数量的记录，fetchall()方法取出所有记录。

把上述示例中用于插入数据的代码注释掉，增加以下内容：

```
    select1 = 'SELECT * FROM departments'
    cursor.execute(select1)
    print(cursor.fetchone())
```

```
print('*' * 20)
print(cursor.fetchmany(2))
print('*' * 20)
print(cursor.fetchall())

[root@myvm untitled]# python3 dbop.py
(1, '人事部')
********************
((2, '财务部'), (3, '运维部'))
********************
((4, '开发部'), (5, '测试部'), (6, '市场部'))
```

注意，取数据的时候，随着数据的取出，游标向下游走，就像文件对象，随着文件的读写，文件指针在不断地移动。所以 fetchone()取出第一条记录后，fetchmany()就不会再把第一条记录取出了。

如果希望从某一条记录的位置开始取数据，则游标的 scroll()方法就派上用场了。scroll()方法移动游标时有两种方式，一种是绝对移动，即从第一条记录算起进行移动；另一种是相对移动，相对于游标的当前位置。这与文件对象的 seek()方法类似。

再将上面的查询语句注释掉，改为下面的代码：

```
select2 = 'SELECT * FROM departments ORDER BY dep_id'
cursor.execute(select2)
cursor.scroll(2, mode='relative')   # 以相对方式向下移动 2 行记录
print(cursor.fetchone())
print('*' * 20)
cursor.scroll(0, mode='absolute')   # 以绝对方式移动到第 1 行记录
print(cursor.fetchone())

[root@myvm untitled]# python3 dbop.py
(3, '运维部')
********************
(1, '人事部')
```

修改和删除只有 SQL 语句有区别，执行过程完全一样。注释掉上面的查询语句，添加以下代码：

```
update1 = 'UPDATE departments set dep_name=%s WHERE dep_name=%s'
cursor.execute(update1, ('人力资源部', '人事部'))
##################################################
delete1 = 'DELETE FROM departments WHERE dep_name=%s'
cursor.execute(delete1, ('市场部',))

[root@myvm untitled]# python3 dbop.py
MariaDB [feizhi]> SELECT * FROM departments;
+--------+--------------------+
| dep_id | dep_name           |
+--------+--------------------+
|      1 | 人力资源部         |
|      2 | 财务部             |
|      3 | 运维部             |
|      4 | 开发部             |
|      5 | 测试部             |
+--------+--------------------+
5 rows in set (0.00 sec)

MariaDB [feizhi]>
```

8.4　通过 SQLAlchemy 操作关系型数据库

PyMySQL 模块可谓足够简单，大的框架搭建好了，只要修改其中的 SQL 语句即可。但是，如果需要连接操作的数据库不是 MySQL 呢？

关系型数据库都在运用 SQL 语句，它就像普通话，只要大家都说普通话，天南地北的人都可以相互沟通。然而即使大家都说普通话，地区之间还是有差异的。虽然 Oracle、MySQL 和 SQL Server 都采用 SQL 语句，但是在实现细节上仍然有些小的差别。怎样才能不做任何代码上的修改，就可以操作所有的数据库呢？

SQLAlchemy 是麻省理工学院许可发布的用于 Python 编程语言的开源的 SQL 工具包和对象关系映射器（Object Relational Mapping，ORM），它可以访问 Oracle、MySQL、SQL Server、SQLite 等各种主流的关系型数据库。同时，它不需要再编写 SQL 语句，而是采用简单的 Python 数据类型就能够实现对数据库的增删改查。

8.4.1 ORM

ORM 提供了概念性的、易于理解的模型化数据方法。ORM 方法论基于以下 3 个核心原则。

- 简单：以最基本的形式建模数据。
- 传达性：数据库结构被任何人都能理解的语言文档化。
- 精确性：基于数据模型创建正确标准化的结构。

提到对象（Object），我们会想到的是在 OOP 中的 class。在 Python 中，一切皆对象，我们也可以把数据库中的表、字段、记录都表示为对象。Relationship 是关系，也就是关系型数据库了。那 ORM 就是把 Python 中的对象与关系型数据库的一些概念做映射匹配。

具体来说，SQLAlchemy 将 Python 的 class 与关系型数据库的一张表进行映射；将 class 中的类变量与关系型数据库中的字段进行映射；将类实例与关系型数据库的记录进行映射；将 SQLAlchemy 中一些类与关系型数据库的数据类型进行映射。

举例来说，数据库的部门表可以映射为一个类。表中的每行记录都可以映射为记录，如表 8-1 所示。

表 8-1　部门表

部门 ID	部门名称
1	人事部
2	财务部

```
>>> class Departments:                           # 为部门表定义的 class
...     dep_id = Column(Integer)
...     dep_name = Column(String)
```

```
hr = Departments(dep_id=1, dep_name='人事部') # 对应记录的实例
finance = Departments(dep_id=2, dep_name='财务部')
```

8.4.2 SQLAlchemy 核心应用

SQLAlchemy 不是 Python 的标准库，需要单独安装：

```
[root@myvm untitled]# pip3 install sqlalchemy
```

我们将上节飞志网络技术有限公司的数据库通过 SQLAlchemy 再实现一次。SQLAlchemy 需要事先有一个数据库：

```
[root@myvm ~]# mysql -uroot -p123456
MariaDB [(none)]> CREATE DATABASE feizhi2 DEFAULT CHARSET utf8;
```

后续的所有操作，都通过 SQLAlchemy 来实现。

首先，创建连接到数据库的引擎（注意，需要导入的模块在下面的完整代码中）：

```
engine = create_engine(
    'mysql+pymysql://root:123456@127.0.0.1/feizhi2?charset=utf8',
    encoding='utf8',
    echo=True
)
```

连接 MySQL/MariaDB 数据库使用的方法如下：

```
mysql+pymymysql://用户名:密码@服务器/数据库?参数=值
```

echo=True 用于在屏幕上产生输出，当程序脚本运行时，屏幕上将会出现诸如日志、SQL 语句之类的内容。这对我们理解 SQLAlchemy 如何工作是很有帮助的，但是不应该用于生产环境。部署上线前，务必将这行代码删除，或者修改为 echo=False。

在创建 ORM 映射类时，需要有一个基类，这个基类需要通过相关方法创建：

```
Base = declarative_base()
```

为了实现增删改查，需要创建到数据库的会话，我们再创建一个会话类：

```
Session = sessionmaker(bind=engine)
```

关键的步骤来了，就是创建用于与数据库表映射的类：

```python
class Departments(Base):
    __tablename__ = 'departments'
    dep_id = Column(Integer, primary_key=True)
    dep_name = Column(String(50), unique=True, nullable=False)

    def __str__(self):
        return '部门: %s' % self.dep_name
```

创建部门表的类 Department，__tablename__（注意，两边是双下画线）说明该类需要与数据库中的 departments 表进行关联。表中只有两个字段，两个字段对应两个类变量，每个类变量都是 Column 的实例。dep_id 通过 primary_key 设置为主键，它的数据类型是整型，SQLAlchemy 已经将整型声明为 Integer 类。dep_name 是部门名称，部门名称必须是唯一的、不能重复的（unique=True）；部门名称必须提供，不能为空，它是可变长字符串类型，即 varchar，最大长度为 50。

其他类的声明与部门表类似，不再一一赘述，完整代码如下：

```
[root@myvm untitled]# vim dbconn.py
from sqlalchemy import create_engine, Column, Integer, String, ForeignKey, Date
from sqlalchemy.ext.declarative import declarative_base
from sqlalchemy.orm import sessionmaker

engine = create_engine(
    # mysql+pymymysql://用户名:密码@服务器/数据库?参数
    'mysql+pymysql://root:123456@127.0.0.1/ feizhi2?charset=utf8',
    encoding='utf8',
    echo=True   # 在屏幕上输出日志，生产环境中不要使用
)
# 创建 ORM 的基类
Base = declarative_base()
Session = sessionmaker(bind=engine)   # 创建会话类


class Departments(Base):
```

```python
        __tablename__ = 'departments'  # 定义数据库中的表名
        dep_id = Column(Integer, primary_key=True)
        dep_name = Column(String(50), unique=True, nullable=False)

        def __str__(self):
            return '部门: %s' % self.dep_name

    class Employees(Base):
        __tablename__ = 'employees'
        emp_id = Column(Integer, primary_key=True)
        emp_name = Column(String(50), nullable=False)
        email = Column(String(50), unique=True, nullable=False)
        dep_id = Column(Integer, ForeignKey('departments.dep_id'))  # 外键

        def __str__(self):
            return '员工: %s' % self.emp_name

    class Salary(Base):
        __tablename__ = 'salary'
        id = Column(Integer, primary_key=True)
        date = Column(Date, nullable=False)
        emp_id = Column(Integer, ForeignKey('employees.emp_id'))
        basic = Column(Integer)
        awards = Column(Integer)

    if __name__ == '__main__':
        # 如果数据库中没有相关的表则创建，如果有则不创建
        Base.metadata.create_all(engine)
```

SQLAlchemy 是一个非常大的框架结构，短时间内精通并不容易，但是有了上述代码，只要你能做到熟练套用就可以了。赶紧运行一下吧，看看是否真的不用写 SQL 语句就可以创建出表来！代码如下：

```
[root@myvm untitled]# python3 dbconn.py
 2019-06-02 10:13:05,094 INFO sqlalchemy.engine.base.Engine SHOW
VARIABLES LIKE 'sql_mode'
```

```
... 略 ...
CREATE TABLE departments (
  dep_id INTEGER NOT NULL AUTO_INCREMENT,
  dep_name VARCHAR(50) NOT NULL,
  PRIMARY KEY (dep_id),
  UNIQUE (dep_name)
)


2019-06-02 10:13:05,109 INFO sqlalchemy.engine.base.Engine {}
2019-06-02 10:13:05,123 INFO sqlalchemy.engine.base.Engine COMMIT
2019-06-02 10:13:05,124 INFO sqlalchemy.engine.base.Engine
CREATE TABLE employees (
  emp_id INTEGER NOT NULL AUTO_INCREMENT,
  emp_name VARCHAR(50) NOT NULL,
  email VARCHAR(50) NOT NULL,
  dep_id INTEGER,
  PRIMARY KEY (emp_id),
  UNIQUE (email),
  FOREIGN KEY(dep_id) REFERENCES departments (dep_id)
)
... 略 ...
CREATE TABLE salary (
  id INTEGER NOT NULL AUTO_INCREMENT,
  date DATE NOT NULL,
  emp_id INTEGER,
  basic INTEGER,
  awards INTEGER,
  PRIMARY KEY (id),
  FOREIGN KEY(emp_id) REFERENCES employees (emp_id)
)


2019-06-02 10:13:05,127 INFO sqlalchemy.engine.base.Engine {}
2019-06-02 10:13:05,130 INFO sqlalchemy.engine.base.Engine COMMIT
```

由于 engine 的 echo=True 是打开状态,屏幕上输出了 SQLAlchemy 的执行过程,可以看到 3 张表都已经创建成功。如果再执行一遍,则这 3 张表不会被覆盖,SQLAlchemy 发现数据库中已有表,只是做了一个映射。

最后,通过数据库的指令检查表查看是否已创建成功:

```
MariaDB [(none)]> USE feizhi2;
MariaDB [feizhi2]> SHOW TABLES;
+-------------------+
| Tables_in_feizhi2 |
+-------------------+
| departments       |
| employees         |
| salary            |
+-------------------+
3 rows in set (0.00 sec)
```

8.4.3 SQLAlchemy 操作数据

对数据库的操作,经常被称作 CRUD(Create,Retrieve,Update,Delete),即增删改查。SQLAlchemy 的 CRUD,已经变成了对 Python 类及实例的操作了。

先在部门表中添加几条记录。由于部门表已经映射为 Departments 类,添加记录只要创建 Departments 的实例即可实现:

```
[root@myvm untitled]# vim crud.py
from dbconn import Departments

hr = Departments(dep_id=1, dep_name='人事部')
finance = Departments(dep_id=2, dep_name='财务部')
ops = Departments(dep_id=3, dep_name='运维部')
dev = Departments(dep_id=4, dep_name='开发部')
qa = Departments(dep_id=5, dep_name='测试部')
market = Departments(dep_id=6, dep_name='市场部')
```

实例潜在映射为表中的记录,从实例到记录,还需要建立到数据库的会话,通过会

话的方法实现:

```
from dbconn import Session
session = Session()

deps = [hr, finance, ops, dev, qa, market]
session.add_all(deps)
session.commit()
session.close()
```

执行脚本,并在数据库中查询:

```
[root@myvm untitled]# python3 crud.py
MariaDB [feizhi2]> SELECT * FROM departments;
+--------+----------+
| dep_id | dep_name |
+--------+----------+
|      1 | 人事部    |
|      6 | 市场部    |
|      4 | 开发部    |
|      5 | 测试部    |
|      2 | 财务部    |
|      3 | 运维部    |
+--------+----------+
6 rows in set (0.02 sec)
```

进行复杂查询时,往往会用到多张表的数据,请自行向员工表中添加一部分数据,在此仅举一例:

```
ly = Employees(
    emp_id=1,
    emp_name='刘宇',
    email='liuyu@feizhi.com',
    dep_id=1
)
```

添加后的全部用户如下：

```
MariaDB [feizhi2]> SELECT * FROM employees;
+--------+----------+--------------------+--------+
| emp_id | emp_name | email              | dep_id |
+--------+----------+--------------------+--------+
|      1 | 刘宇     | liuyu@feizhi.com   |      1 |
|      2 | 赵义     | zhaoyi@163.com     |      2 |
|      3 | 宋美     | songmei@feizhi.com |      3 |
|      4 | 李佳     | lijia@qq.com       |      3 |
|      5 | 张力     | zhangli@163.com    |      4 |
+--------+----------+--------------------+--------+
5 rows in set (0.01 sec)
```

SQLAlchemy 的查询通过 session 的 query 方法实现。当查询参数设置为类时，返回的是实例：

```
>>> from dbconn import Session, Departments, Employees
>>> qset1 = session.query(Employees)
>>> print(qset1)
SELECT employees.emp_id AS employees_emp_id, employees.emp_name AS employees_emp_name, employees.email AS employees_email, employees.dep_id AS employees_dep_id
FROM employees
```

qset1 明明只有一条 SQL 语句啊！为什么说返回的是实例呢？为了提高效率，仅仅使用了 query 方法，只是对应成一条 SQL 语句，此时不是真正地去访问数据库。当取值操作发生时，才开始创建到数据库的会话连接，取出数据。

通过查询集的 all()方法，将所有匹配的数据都取出来：

```
>>> qset1.all()
[<dbconn.Employees object at 0x7fd336cd0630>, <dbconn.Employees object at 0x7fd336cd06a0>, <dbconn.Employees object at 0x7fd336cd0710>, <dbconn.Employees object at 0x7fd336cd0780>, <dbconn.Employees object at 0x7fd336cd07f0>]
```

all()方法的返回值是列表，列表中的每一项都是employees的实例，这些实例来自employees表的每行记录。

如果需要逐条对记录进行处理，则可以通过for循环遍历，不必使用all()方法：

```
>>> for emp in qset1:
...     print('%s: %s, %s' % (emp.emp_id, emp.emp_name, emp.email))
...
1: 刘宇, liuyu@feizhi.com
2: 赵义, zhaoyi@163.com
3: 宋美, songmei@feizhi.com
4: 李佳, lijia@qq.com
5: 张力, zhangli@163.com
```

取出所有的部门也是通过一样的方式：

```
>>> for dep in qset2:
...     print('%s: %s' % (dep.dep_id, dep.dep_name))
...
1: 人事部
6: 市场部
4: 开发部
5: 测试部
2: 财务部
3: 运维部
```

部门表中的数据没有按dep_id排序，因为我们的代码并没有这个要求。如果需要根据某个字段排序，则使用order_by()方法：

```
>>> qset3 = session.query(Departments).order_by(Departments.dep_id)
>>> for dep in qset3:
...     print('%s: %s' % (dep.dep_id, dep.dep_name))
...
1: 人事部
2: 财务部
3: 运维部
4: 开发部
```

```
5：测试部
6：市场部
```

如果不打算取出全部字段，只需要其中的一部分，也可以在查询时指定具体的字段作为参数，这种情况的返回值将是元组，而不是实例：

```
>>> qset4 = session.query(Employees.emp_name, Employees.email)
>>> print(qset4)   # qset4仍然是一条查询语句
SELECT employees.emp_name AS employees_emp_name, employees.email AS employees_email
FROM employees
>>> qset4.all()    # 通过all()方法取出全部数据
[('刘宇', 'liuyu@feizhi.com'), ('赵义', 'zhaoyi@163.com'), ('宋美', 'songmei@feizhi.com'), ('李佳', 'lijia@qq.com'), ('张力', 'zhangli@163.com')]
>>> for name, email in qset4:    # 通过循环遍历
...     print('%s: %s' % (name, email))
...
刘宇: liuyu@feizhi.com
赵义: zhaoyi@163.com
宋美: songmei@feizhi.com
李佳: lijia@qq.com
张力: zhangli@163.com
```

查询结果是由很多符合条件的对象组成的查询集，通过切片的方式可以取出其中的一部分数据：

```
>>> qset5 = session.query(Departments).order_by(Departments.dep_id)[3:]
>>> for dep in qset5:
...     print('%s: %s' % (dep.dep_id, dep.dep_name))
...
4：开发部
5：测试部
6：市场部
```

这种方法当然不是最好的,既然需要满足某些条件,那么在 SQL 中可以使用 where 子句,在 SQLAlchemy 中使用的是 filter()方法:

```
>>> qset6 = session.query(Departments).filter(Departments.dep_id>3)
>>> print(qset6)    # qset6是带有where子句的SQL查询语句
SELECT departments.dep_id AS departments_dep_id, departments.dep_name AS departments_dep_name
FROM departments
WHERE departments.dep_id > %(dep_id_1)s
>>> for dep in qset6:
...     print('%s: %s' % (dep.dep_id, dep.dep_name))
...
4: 开发部
5: 测试部
6: 市场部
```

filter()方法可以在查询结果上重复使用:

```
>>> qset7 = session.query(Departments).filter(Departments.dep_id>3)\
...    .filter(Departments.dep_id<6)
>>> print(qset7)
SELECT departments.dep_id AS departments_dep_id, departments.dep_name AS departments_dep_name
FROM departments
WHERE departments.dep_id > %(dep_id_1)s AND departments.dep_id < %(dep_id_2)s
>>> for dep in qset7:
...     print('%s: %s' % (dep.dep_id, dep.dep_name))
...
4: 开发部
5: 测试部
```

SQLAlchemy 像 SQL 语句一样支持模糊查询:

```
# 查询所有邮箱以@feizhi.com作为结尾的员工
>>> qset8 = session.query(Employees)\
...    .filter(Employees.email.like('%@feizhi.com'))
```

```
>>> print(qset8)
SELECT employees.emp_id AS employees_emp_id, employees.emp_name AS
employees_emp_name, employees.email AS employees_email, employees.dep_id
AS employees_dep_id
FROM employees
WHERE employees.email LIKE %(email_1)s
>>> for emp in qset8:
...     print('%s: %s' % (emp.emp_name, emp.email))
...
刘宇: liuyu@feizhi.com
宋美: songmei@feizhi.com
```

SQLAlchemy 也有像 SQL 的 in 一样的方法：

```
>>> qset9 = session.query(Departments)\
...     .filter(Departments.dep_id.in_([2, 5]))
>>> print(qset9)
SELECT departments.dep_id AS departments_dep_id, departments.dep_name AS departments_dep_name
FROM departments
WHERE departments.dep_id IN (%(dep_id_1)s, %(dep_id_2)s)
>>> for dep in qset9:
...     print('%s: %s' % (dep.dep_id, dep.dep_name))
...
5: 测试部
2: 财务部
```

取出某一字段不是空值的记录：

```
>>> qset10 = session.query(Departments)\
...     .filter(Departments.dep_name.isnot(None))
>>> print(qset10)
SELECT departments.dep_id AS departments_dep_id, departments.dep_name AS departments_dep_name
FROM departments
WHERE departments.dep_name IS NOT NULL
>>> for dep in qset10:
```

```
    ...     print('%s: %s' % (dep.dep_id, dep.dep_name))
    ...
    1: 人事部
    6: 市场部
    4: 开发部
    5: 测试部
    2: 财务部
    3: 运维部
```

SQL 语句包括多表查询，例如我们想查看每个员工所在的部门，就需要使用多表查询，因为员工表中只记录了部门的编号，而部门名称在部门表中。SQLAlchemy 也可以通过简单的 Python 语法实现多表查询：

```
    >>> qset11 = session.query(Employees.emp_name, Departments.dep_name)\
    ...     .join(Departments)
    >>> print(qset11)
    SELECT employees.emp_name AS employees_emp_name, departments.dep_
name AS departments_dep_name
    FROM employees INNER JOIN departments ON departments.dep_id =
employees.dep_id
    >>> for name, dep in qset11:
    ...     print('%s: %s' % (name, dep))
    ...
    刘宇: 人事部
    赵义: 财务部
    宋美: 运维部
    李佳: 运维部
    张力: 开发部
```

上述示例中，部门表和员工表之间有主外键约束关系，使用 join() 方法默认要求两个表中的 dep_id 相等才能进行拼接，而不是返回笛卡儿积。query() 方法的第一个参数用的是 employees 表，在 join() 方法中的参数就是 departments；如果 query() 方法的第一个参数是 Departments.dep_name，join() 方法中的参数就需要改为 employees 了：

```
    >>> qset12 = session.query(Departments.dep_name, Employees.emp_name)\
    ...     .join(Employees)
```

```
>>> for dep, name in qset12:
...     print('%s: %s' % (name, dep))
...
刘宇：人事部
赵义：财务部
宋美：运维部
李佳：运维部
张力：开发部
```

很多情况下，需要取出一个实例进行操作，如对它进行修改或删除。通过 filter()方法过滤，用 one()方法取出实例。注意，这里如果用 all()方法，则 all()方法返回的是列表，列表中包含 0 到多个实例，需要再通过下标取出实例：

```
>>> qset13 = session.query(Departments).filter(Departments.dep_id==1)
>>> dep1 = qset13.one()
>>> type(dep1)         # dep1 是 Departments 的实例
<class 'dbconn.Departments'>
>>> deps = qset13.all()
>>> type(deps)         # deps 是列表
<class 'list'>
>>> print(deps)
[<dbconn.Departments object at 0x7fd336cf9b38>]
>>> dep2 = deps[0]     # 取出列表中的第 1 项
>>> type(dep2)
<class 'dbconn.Departments'>
>>> print(dep1.dep_name)
人事部
>>> print(dep2.dep_name)
人事部
```

> 注意：one()方法必须得到一个结果，如果 filter()方法返回的结果是 0 项或者多于 1 项，都将引发异常。

取出实例，进行修改和删除就非常简单了。修改只是对属性重新赋值：

```
>>> qset14 = session.query(Departments).filter(Departments.dep_id==1)
>>> hr = qset14.one()
>>> hr.dep_name = '人力资源部'
>>> session.commit()
# 增删改都需要进行 commit，否则数据库不会受到影响

MariaDB [feizhi2]> SELECT * FROM departments WHERE dep_id = 1;
+--------+-----------------+
| dep_id | dep_name        |
+--------+-----------------+
|      1 | 人力资源部      |
+--------+-----------------+
1 row in set (0.01 sec)
```

删除通过 session 的 delete()方法进行：

```
>>> qset15 = session.query(Departments)\
...     .filter(Departments.dep_name=='市场部')
>>> market = qset15.one()
>>> session.delete(market)
>>> session.commit()

MariaDB [feizhi2]> SELECT * FROM departments WHERE dep_name = '市场部';
Empty set (0.01 sec)
```

8.5 SQLite 文件型数据库

相信你已经了解了如何通过 SQLAlchemy 操作 MySQL 数据库，而且你也发现所有的增删改查连一条最简单的 SQL 语句都没有编写。

SQLAlchemy 可以操作各种关系型数据库，不仅限于 MySQL 数据库。接下来我们试试操作 SQLite 数据库。SQLite 与 MySQL 不一样，MySQL 是一个数据库软件，在 MySQL 中可以创建很多库，而且 MySQL 提供了网络服务，用户可以在远程通过访问 MySQL

服务器的 3306 端口进行数据库操作；而 SQLite 是文件型数据库，本地的一个 SQLite 文件就是一个数据库，它不提供网络服务，只供本地程序访问。

几乎不用改什么代码，前一节的所有代码都可以直接用在 SQLite 数据库上。那么哪些代码需要更改呢？很简单，只要把到数据库连接的引擎修改一下即可：

```
[root@myvm untitled]# vim dbconn2.py
from sqlalchemy import create_engine, Column, Integer, String, ForeignKey, Date
from sqlalchemy.ext.declarative import declarative_base
from sqlalchemy.orm import sessionmaker

engine = create_engine(
    'sqlite:////tmp/feizhi.db3',    # 如果此文件不存在，则自动创建
    encoding='utf8',
)
Base = declarative_base()
Session = sessionmaker(bind=engine)

class Departments(Base):
    __tablename__ = 'departments'
    dep_id = Column(Integer, primary_key=True)
    dep_name = Column(String(50), unique=True, nullable=False)

    def __str__(self):
        return '部门: %s' % self.dep_name

class Employees(Base):
    __tablename__ = 'employees'
    emp_id = Column(Integer, primary_key=True)
    emp_name = Column(String(50), nullable=False)
    email = Column(String(50), unique=True, nullable=False)
    dep_id = Column(Integer, ForeignKey('departments.dep_id'))

    def __str__(self):
        return '员工: %s' % self.emp_name
```

```python
class Salary(Base):
    __tablename__ = 'salary'
    id = Column(Integer, primary_key=True)
    date = Column(Date, nullable=False)
    emp_id = Column(Integer, ForeignKey('employees.emp_id'))
    basic = Column(Integer)
    awards = Column(Integer)

if __name__ == '__main__':
    Base.metadata.create_all(engine)
```

```
[root@myvm untitled]# python3 dbconn2.py
[root@myvm untitled]# ls /tmp/feizhi.db3
/tmp/feizhi.db3
```

其他增删改查的代码完全一样：

```
[root@myvm untitled]# vim crud2.py
from dbconn2 import Session, Departments

session = Session()

hr = Departments(dep_id=1, dep_name='人事部')
finance = Departments(dep_id=2, dep_name='财务部')
ops = Departments(dep_id=3, dep_name='运维部')
deps = [hr, finance, ops]
session.add_all(deps)
session.commit()

qset1 = session.query(Departments)
for dep in qset1:
    print('%s: %s' % (dep.dep_id, dep.dep_name))

session.close()
```

```
[root@myvm untitled]# python3 crud2.py
1: 人事部
2: 财务部
3: 运维部
```

通过命令行界面查看 SQLite 数据库的简单方法如下：

```
[root@myvm untitled]          # sqlite3 /tmp/feizhi.db3
sqlite> .tables               # 显示所有表
departments  employees   salary
sqlite> .schema departments   # 显示表结构
CREATE TABLE departments (
  dep_id INTEGER NOT NULL,
  dep_name VARCHAR(50) NOT NULL,
  PRIMARY KEY (dep_id),
  UNIQUE (dep_name)
);
sqlite> SELECT * FROM departments;
1|人事部
2|财务部
3|运维部
sqlite> .exit
```

> 提示：如果 SQLAlchemy 无法导入 SQLite 的相关模块，则需要通过 yum 安装 sqlite-devel，然后将 Python 重新编译安装一遍。

第 9 章　正 则 表 达

　　"去繁从简，至拙至美。"不知道你有没有意识到，平时我们的操作大部分时间都是在和字符串打交道，经常要在浩如烟海的文本中取出具有某些规律的字符串。正则表达式提供了强大的字符串处理能力，无论是 Linux 的诸多命令，还是服务的配置文件；无论是 JavaScript 等前端语言，还是 Python、Java 等后端语言，都可以看到正则表达式的身影。利用简单的正则表达式形式，就能轻松地将字符串从繁杂的文本中取出。

9.1 正则表达式与模式匹配

一个正则表达式是含有一些具有特殊意义字符的字符串，这些特殊字符被称为正则表达式中的元字符，如英文句点 "." 表示任意一个单一字符。正则表达式的这些特殊字符串组合也被称为模式，与一个模式匹配的字符串被称为模式匹配字符串。

让我们先来直观地了解一下正则表达式的强大功能。曾经有一位刚走上工作岗位的毕业生咨询笔者一个问题。在他维护的环境里有一个文件，这个文件记录了他们公司所有电脑的 IP 地址与 MAC 地址，第一列是 IP 地址，第二列是 MAC 地址：

```
[root@myvm untitled]# cat server_addr.txt
192.168.1.1      525400291812
192.168.1.2      000C29132D45
192.168.1.3      AA23146C9B76
```

现在有一个需求，要将 MAC 地址每两个数字之间加上冒号。要求很简单，但是地址数目比较多，一共有 300～400 个地址，也就是说需要添加冒号的数目是 1500～2000 个。

这个需求如果使用正则表达式非常简单，我们用 vim 编辑器的查找替换即可。首先，对整篇文档进行查找替换，在命令模式下输入基础结构：

```
:%s///
```

然后，匹配出现在结尾的 12 个任意字符：

```
:%s/............$//
```

接下来，将这 12 个字符每两个字符分成一组：

```
:%s/(..)(..)(..)(..)(..)(..)$//
```

在 vim 中，小括号需要转义：

```
:%s/\(..\)\(..\)\(..\)\(..\)\(..\)\(..\)$//
```

最后，替换时，将这 6 组字符串每组之间用冒号分隔开：

```
:%s/\(..\)\(..\)\(..\)\(..\)\(..\)\(..\)$/\1:\2:\3:\4:\5:\6/
```

按下回车键，你将发现所有的 MAC 地址，都已经满足需求了：

```
192.168.1.1    52:54:00:29:18:12
192.168.1.2    00:0C:29:13:2D:45
192.168.1.3    AA:23:14:6C:9B:76
```

9.2 正则表达式的元字符

为了简化，接下来的案例采用 vim 编辑器进行匹配说明。打开 vim 编辑器，输入几行字符。第一行字符的特点是 t 和 m 之间是字母，第二行字符的特点是 t 和 m 之间是数字，第三行字符的特点是 t 和 m 之间是特殊符号，第四行字符的特点是 t 和 m 之间是多个 ab，第五行字符的特点是 m 前面有多个 t，如下所示：

```
tam tbm tcm tfm txm tom tomorrow
t0m t1m t2m t8m t10m
t m t_m t@m t$m t^m t*m t-m
tabm tababm tabababm tababababm tabababababm
tm ttm tttm ttttm tttttm ttttttm tttttttm ttttttttm
```

9.2.1 匹配单个字符

➢ . （英文句点）：匹配任意字符。

在 vim 编辑器的命令模式下，输入 t.m 可以匹配到 t 和 m 之间有任意一个字符的字符串：

```
/t.m/
```

➢ [a-z0-9]：匹配一个范围。

匹配 t 和 m 之间有一个小写字母的字符串：

```
/t[a-z]m/
```

匹配 t 和 m 之间有一个数字的字符串：

```
/t[0-9]m/
```

> **注意**：初学者会用/t[0-10]m/匹配 t0m 到 t10m，这是不对的。[ ]只能匹配一个字符，[0-10]不是从 0 到 10 的意思，而是从 0 到 1 和 0。

匹配 t 和 m 之间是小写字母或数字的字符串：

```
/t[a-z0-9]m/
```

匹配 t 和 m 之间是 a、c、f、o、8、_ 的字符串：

```
/t[acfo8_]m/
```

匹配 t 和 m 之间不是数字的字符串：

```
/t[^0-9]m/
```

匹配 t 和 m 之间是数字或^的字符串：

```
/t[0-9^]m/
```

匹配 t 和 m 之间是 a、-或 0 的字符串：

```
/t[a0-]m/
```

> \d：匹配任意数字字符。

匹配 t 和 m 之间是数字的字符串：

```
/t\dm/
```

> \D：匹配非数字字符。

匹配 t 和 m 之间不是数字的字符串：

```
/t\Dm/
```

> \w：匹配数字、字母或下画线字符。

匹配 t 和 m 之间是数字、字母或下画线的字符串：

```
/t\wm/
```

- \W：匹配非数字、字母或下画线字符。

匹配 t 和 m 之间不是数字、字母或下画线的字符串：

```
/t\Wm/
```

- \s：匹配空白字符。

匹配 t 和 m 之间是空白字符的字符串：

```
/t\sm/
```

- \S：匹配非空白字符。

匹配 t 和 m 之间不是空白字符的字符串：

```
/t\Sm/
```

9.2.2 匹配一组字符

- literal：匹配字面本身含义。

匹配 tom：

```
/tom/
```

- re1|re2：匹配 re1 或 re2。

匹配 tom 或 tcm（vim 中，|需要转义）：

```
/tom\|tcm/
```

- *：匹配*前面的正则表达式 0 次或多次。

匹配 m 前面有 0 或多个 t：

```
/t*m/
```

匹配 t 和 m 之间有 0 或多个 ab（vim 中，小括号需要转义）：

```
/t\(ab\)*m/
```

匹配 t 和 m 之间有 0 到多个任意字符：

```
/t.*m/
```

> +：与*类似，只不过是匹配+前面的正则表达式一次或多次。

匹配 m 前面至少有 1 个 t（vim 中，+需要转义）：

```
/t\+m/
```

匹配 t 和 m 之间至少有 1 个 ab：

```
/t\(ab\)\+m/
```

匹配 t 和 m 之间有 1 到多个任意字符：

```
/t.\+m/
```

> ?：匹配?前面的正则表达式 0 或 1 次。

匹配 t 和 m 之间有 0 或 1 个 ab（vim 中，?需要转义）：

```
/t\(ab\)\?m/
```

> {m,n}：匹配花括号前面的正则表达式 m 到 n 次。

匹配 m 前面有 3 个 t（vim 中，花括号需要转义）：

```
/t\{3\}m/
```

匹配 m 前面最多有 3 个 t：

```
/t\{,3\}m/
```

匹配 m 前面最少有 3 个 t：

```
/t\{3,\}m/
```

匹配 m 前面最少有 3 个 t，最多有 5 个 t：

```
/t\{3,5\}m/
```

9.2.3 其他常用元字符

> ^：从开头匹配。

匹配出现在行首的 t\dm：

```
/^t\dm/
```

> $：匹配字符串的结尾。

匹配出现在结尾的 t\wm：

```
/t\wm$/
```

匹配空行：

```
/^$/
```

> < >：锚定符号。

匹配 tom，tomorrow 中包含的 tom 不能匹配（vim 中，小于号、大于号需要转义）：

```
/\<tom\>/
```

9.3 re 模块

Python 通过 re 模块实现对正则表达式的支持。re 模块实现了匹配、分割、替换等正则表达式的常用功能。

9.3.1 re 模块的常用方法

> re.match()：尝试用正则表达式模式从字符串的开头匹配。如果匹配成功，则返回一个匹配对象，否则返回 None。

```
>>> import re
>>> m = re.match('ball', 'balls')   # 在balls的开头匹配ball
>>> print(m)
<_sre.SRE_Match object; span=(0, 4), match='ball'>
```

```
>>> m = re.match('ball', 'football')  # 在football的开头匹配ball
>>> print(m)
None
```

➢ re.search()：在字符串中查找正则表达式模式的第一次出现。如果匹配成功，则返回一个匹配对象，否则返回None。

```
>>> m = re.search('ball', 'football')  # 在football中匹配ball
>>> print(m)
<_sre.SRE_Match object; span=(4, 8), match='ball'>
```

➢ m.group()：使用match或search匹配成功后，返回的匹配对象可以通过group()方法获得匹配内容。

```
>>> m = re.search('ball', 'football')
>>> print(m.group())
ball
```

➢ re.findall()：在字符串中查找正则表达式模式的所有出现，返回一个匹配对象的列表。

```
>>> sentence = 'this picture is better than that one'
>>> patt_list = re.findall('th..', sentence)  # 匹配th后面是两个任意字符
>>> print(patt_list)
['this', 'than', 'that']
```

➢ re.finditer()：与findall()函数有相同的功能，但返回的不是列表，而是迭代器；对于每个匹配，该迭代器都返回一个匹配对象。

```
>> patts = re.finditer('th..', sentence)
>>> for m in patts:
...     print(m.group())
...
this
than
that
```

➢ re.split()：根据正则表达式中的分隔符把字符分割为一个列表，并返回成功匹配的列表。字符串也有类似的方法，但是正则表达式更加灵活。

```
>>> re.split('-|\.', 'hello-world.tar.gz')
['hello', 'world', 'tar', 'gz']
```

➢ re.sub()：把字符串中所有匹配正则表达式的地方都替换成新的字符串。

```
>>> re.sub('X', 'Mr.Zhang', 'This is X. X is good at programming.')
'This is Mr.Zhang. Mr.Zhang is good at programming.'
```

➢ re.compile()：对正则表达式模式进行编译，返回一个正则表达式对象。不是必须要用这种方式，但是在大量匹配的情况下，这种方式可以提升效率。compile()方法先将正则表达式模式进行编译，编译后的对象也具有相关的方法。

```
>>> m = cpatt.search('this picture is better than that one')
>>> m.group()
'this'
>>> patt_list = cpatt.findall('this picture is better than that one')
>>> print(patt_list)
['this', 'than', 'that']
```

9.3.2 应用案例：分析 Web 服务器的访问日志

Apache Web 服务器的访问日志格式如下：

```
[root@room8pc16 day04]# head -2 access_log
172.40.58.150 - - [26/Nov/2017:10:09:47 +0800] "GET / HTTP/1.1" 403 4897 "-" "Mozilla/5.0 (X11; Linux x86_64) AppleWebKit/537.36 (KHTML, like Gecko) Chrome/60.0.3112.113 Safari/537.36"
172.40.58.150 - - [26/Nov/2017:10:09:47 +0800] "GET /noindex/css/bootstrap.min.css HTTP/1.1" 200 19341 "http://172.40.50.116/" "Mozilla/5.0 (X11; Linux x86_64) AppleWebKit/537.36 (KHTML, like Gecko) Chrome/60.0.3112.113 Safari/537.36"
```

请编写一个日志分析脚本，要求如下：

➢ 统计每个客户端的访问次数。

> 分别统计客户端是 Firefox、Chrome 和 MSIE 的访问次数。

> 通过函数式编程和 OOP 的方式实现。

分析：程序运行采用非交互式的方式即可，执行脚本，屏幕上输出数据。数据以字典的形式呈现，如统计客户端时，字典的 Key 是 IP 地址，Value 是该 IP 地址出现的次数。

接下来，分析程序的功能，将功能编写成函数，那么需要几个功能函数呢？如果仅仅简单地看了一下题目要求，很可能会说，需要两个功能：一个功能是统计客户端 IP 地址，另一个功能是统计客户端浏览器。那么，如果以后又加上新的需求，要求统计客户端操作系统呢？

编写程序时，一定要多思考，尽量将程序的关键点找出来，写出来的程序要具有通用性，这样以后再编写其他程序时，就已经有了现成的功能模块，才可以直接调用。

仔细想想，这个程序实际上是要求在一个文件里统计某些字段出现的次数。虽然要求统计 Web 服务器的访问日志，但是，如果是在/etc/passwd 文件中统计以 nologin 或 bash 作为结尾的行出现的次数呢？也是一样的解决方案。这样说来，程序只需要有一个功能就足够了，将文件名和需要统计的字段交给功能函数，函数返回统计结果的字典。

通过以上分析，先写出程序的大体框架：

```
[root@myvm untitled]# vim count_patt.py
def count_patt(fname, patt):
    pass


if __name__ == '__main__':
    fname = 'access_log'
    ip = ''
    br = ''
    print(count_patt(fname, ip))
    print(count_patt(fname, br))
```

统计 IP 地址时，需要编写 IP 地址的正则表达式。你可能也曾在网上搜索过 IP 地址绝对正确的表达形式，不过往往写法非常复杂，很不容易理解。笔者比较推荐具体问题具体分析，在本例中，IP 地址只是一个参数，并不打算应用在很多环境下，那么只要在本例中是准确无误的就可以。

观察文件中的 IP 地址，分析其特点。简单来说，它的特点首先是出现在行首，然后是"数字点"（如 192.）出现 3 次后，又是一个数字。把这个结构写成正则表达式，如下所示：

```
ip = '^(\d+\.){3}\d+'
```

这个模式匹配文件中的 IP 地址足够了，也许你会说，这也能匹配 1.23.456.7890 吧。没错儿，可以匹配，但是在 access_log 日志文件中绝对不会出现这样的组合！

至于浏览器就简单了，都是一些固定的字符串，所以浏览器的模式如下：

```
br = 'Firefox|Chrome|MSIE'
```

终于轮到编写函数了。函数的思想是：首先，需要把结果保存到字典中，需要定义字典变量。然后，为了有更好的匹配效率，把正则表达式模式编译一下。最后，打开文件，逐行读取文件，在每一行中都匹配模式，如果匹配到，则更新字典。

完整代码如下：

```
[root@myvm untitled]         # vim count_patt.py
import re

def count_patt(fname, patt):
    result = {}
    cpatt = re.compile(patt)         # 编译模式

    with open(fname) as fobj:
        for line in fobj:
            m = cpatt.search(line)
            if m:  # 匹配到的匹配对象非空为真，未匹配到的是 None 为假
                key = m.group()
                result[key] = result.get(key, 0) + 1

    return result

if __name__ == '__main__':
    fname = 'access_log'
```

```
        ip = '^(\d+\.){3}\d+'
        br = 'Firefox|Chrome|MSIE'
        print(count_patt(fname, ip))
        print(count_patt(fname, br))

    [root@myvm untitled]# python3 count_patt.py
        {'172.40.58.150': 10, '172.40.58.124': 6, '172.40.58.101': 10,
    '127.0.0.1': 121, '192.168.4.254': 103, '192.168.2.254': 110,
    '201.1.1.254': 173, '201.1.2.254': 119, '172.40.0.54': 391,
    '172.40.50.116': 244}
        {'Chrome': 24, 'Firefox': 870, 'MSIE': 391}
```

到目前为止，似乎已经满足需求了。不过，进一步思考，在实际的生产环境中，IP地址绝对不止这些，很可能是成千上万的客户端出现在字典中。然而字典是无序的，我们经常需要知道访问量最大的前 N 个客户端，这该如何实现呢？

既然字典是无序的，就需要使用有序的数据类型，如列表。那么，我们可以将字典转换成列表，字典的 dict.items() 方法可以取出键值对，然后进行排序：

```
    >>> adict = {'172.40.58.150': 10, '172.40.58.124': 6, '172.40.58.101':
10, '127.0.0.1': 121, '192.168.4.254': 103, '192.168.2.254': 110,
'201.1.1.254': 173, '201.1.2.254': 119, '172.40.0.54': 391,
'172.40.50.116': 244}
    >>> alist = list(adict.items())
    >>> print(alist)
    [('172.40.58.150', 10), ('172.40.58.124', 6), ('172.40.58.101', 10),
('127.0.0.1', 121), ('192.168.4.254', 103), ('192.168.2.254', 110),
('201.1.1.254', 173), ('201.1.2.254', 119), ('172.40.0.54', 391),
('172.40.50.116', 244)]
```

列表排序的方法是 list.sort()，之前我们使用的列表都是简单列表，即列表项是数字、字符串这样的简单结构。现在的列表项由元组构成，需要将元组的第 2 项作为排序依据，这就要用到 list.sort() 方法中的参数 Key 了。传递给 Key 的参数需要是函数，该函数将遍历列表，把列表项作为它的参数，把函数的返回值作为列表排序的依据。因此，只需要编写函数，函数的返回值是元组的第 2 项即可：

```
>>> alist.sort(key=lambda x: x[-1])
>>> print(alist)
[('172.40.58.124', 6), ('172.40.58.150', 10), ('172.40.58.101', 10),
('192.168.4.254', 103), ('192.168.2.254', 110), ('201.1.2.254', 119),
('127.0.0.1', 121), ('201.1.1.254', 173), ('172.40.50.116', 244),
('172.40.0.54', 391)]
```

这里我们采用了一个匿名函数，列表中的每个列表项，也就是元组，都将会作为参数传递给 x，匿名函数返回 x（元组）的最后一项，alist 排序时就根据每个元组的最后一项进行排序。

列表默认采用升序排列，list.sort()方法还有一个 reverse 参数，通过它可以实现降序排列：

```
>>> alist.sort(key=lambda x: x[-1], reverse=True)
>>> print(alist)
[('172.40.0.54', 391), ('172.40.50.116', 244), ('201.1.1.254', 173),
('127.0.0.1', 121), ('201.1.2.254', 119), ('192.168.2.254', 110),
('192.168.4.254', 103), ('172.40.58.150', 10), ('172.40.58.101', 10),
('172.40.58.124', 6)]
```

将以上代码编写成函数的形式，如下所示：

```
def sort_dict(adict):
    result = list(adict.items())
    result.sort(key=lambda x: x[-1], reverse=True)
    return result
```

以上代码实现了以函数式的方式统计 Web 服务器的日志，由于我们充分考虑了如何将程序写得通用化，所以它可以统计任意文件中指定的字段出现的次数。例如，如果需要统计/etc/passwd 文件中以 nologin 或 bash 作为结尾的行出现的次数，则直接调用函数就可以：

```
>>> import count_patt
>>> count_patt.count_patt('/etc/passwd', 'nologin$|bash$')
{'bash': 3, 'nologin': 36}
```

题目中还要求使用 OOP 的方式进行编程。OOP 实现了数据和行为的统一、融合。在这个案例中，数据是文件名和正则表达式模式，行为是统计函数。一般来说，数据通过__init__()方法实现绑定，然而我们需要把文件名和模式都进行绑定吗？绑定的数据属性在 Class 的任意位置可见可用，而非绑定的数据只是方法的局部变量，只能在方法内部使用，那么，到底该怎么绑定呢？我们可以本着这样的原则，也就是看哪个数据是相对固定、不变的。例如，如果是在一个文件中统计多种字段，那么文件名只有一个，它是不变的，就可以把它作为绑定属性；而字段有多种，它经常变化，那么需要用的时候就将其作为参数传给相应的方法，不要将其固定。反过来，如果需要统计的模式是固定的，但是需要在多个文件中进行统计，就可以将模式作为绑定属性，而文件名作为方法的参数进行传递。本例中，需要在一个文件（access_log）中统计多个字段（IP 地址、浏览器）出现的次数，就可以将文件名作为绑定属性。

根据以上分析，首先把程序的结构定下来：

```
[root@myvm untitled]# vim count_patt2.py
import re

class CountPatt:
    def __init__(self, fname):
        self.fname = fname

    def count_patt(self, patt):
        pass

if __name__ == '__main__':
    fname = 'access_log'
    cp = CountPatt(fname)
    ip = '^(\d+\.){3}\d+'
```

通过函数编程时，我们把结果存到了字典中。由于字典是无序的，又编写了排序函数，那么能否一步到位呢？在 Python 标准模块中有 collections 模块，它的 Counter 对象能够自动实现对序列对象的统计并排序：

```
>>> from collections import Counter
>>> c = Counter()              # 创建 Counter 实例
```

```
>>> c.update('192.168.1.1')   # 更新 Counter 实例
>>> print(c)
Counter({'1': 4, '.': 3, '9': 1, '2': 1, '6': 1, '8': 1})
```

Counter 实例的 update()方法对给定的序列对象进行统计，统计每个项目出现的次数。由于上述案例给定的参数是字符串，更新时统计的是字符串中每个字符出现的次数。如果需要将 IP 地址作为一个整体进行统计，则需要将 IP 地址字符串放到序列对象中：

```
>>> c = Counter()
>>> c.update(['192.168.1.1', '192.168.10.2', '192.168.1.1'])
>>> c.update(['192.168.1.1'])
>>> c.update(['1.1.1.1', '2.2.2.2', '1.1.1.1', '3.3.3.3'])
>>> print(c)
Counter({'192.168.1.1': 3, '1.1.1.1': 2, '192.168.10.2': 1, '2.2.2.2': 1, '3.3.3.3': 1})
```

update()方法可以多次调用，每次调用都是在原有对象的基础上进行更新的，不必担心原有数据会被覆盖。更新时，如果参数为空，或者参数是空对象（None），则 Counter 对象将保持不变：

```
>>> c.update()
>>> c.update(None)
>>> print(c)
Counter({'192.168.1.1': 3, '1.1.1.1': 2, '192.168.10.2': 1, '2.2.2.2': 1, '3.3.3.3': 1})
```

Counter 对象还有一个 most_common()方法，用于取出出现次数最多的前 N 个对象：

```
>>> print(c.most_common(2))
[('192.168.1.1', 3), ('1.1.1.1', 2)]
```

最后我们通过 OOP 加 Counter 对象来实现统计功能：

```
[root@myvm untitled]# vim count_patt2.py
import re
from collections import Counter
```

```python
class CountPatt:
    def __init__(self, fname):
        self.fname = fname

    def count_patt(self, patt):
        result = Counter()
        cpatt = re.compile(patt)

        with open(self.fname) as fobj:
            for line in fobj:
                m = cpatt.search(line)
                if m:
                    result.update([m.group()])

        return result

if __name__ == '__main__':
    fname = 'access_log'
    cp = CountPatt(fname)
    ip = '^(\d+\.){3}\d+'
    ip_count = cp.count_patt(ip)
    print(ip_count)
    print('*' * 30)
    print(ip_count.most_common(3))
```

```
[root@myvm untitled]# python3 count_patt2.py
Counter({'172.40.0.54': 391, '172.40.50.116': 244, '201.1.1.254': 173, '127.0.0.1': 121, '201.1.2.254': 119, '192.168.2.254': 110, '192.168.4.254': 103, '172.40.58.150': 10, '172.40.58.101': 10, '172.40.58.124': 6})
******************************
[('172.40.0.54', 391), ('172.40.50.116', 244), ('201.1.1.254', 173)]
```

第 10 章　并 行 处 理

"虽乘奔御风，不以疾也。"前面章节我们所编写的代码都是单进程、单线程的，在很多情况下已经足够用了。然而，有一些任务，它本身并不复杂，但是它由数量众多的、功能重复的小任务构成。通过循环结构，将这些小任务依次执行，得到最终结果。每个小任务都需要花费一定的时间，即使它们是独立的、彼此无关的，也要按照顺序逐个执行，程序最终花费的时间将会非常惊人。如果能让这些任务同时执行，则能够大大地提升执行效率。

10.1　单进程单线程程序

程序只是存储在计算机硬盘上的一些可执行文件，当程序执行时，系统中就出现了相应的进程。可以认为，进程是程序的一次执行，是加载到内存中的一系列指令。如果程序只能产生一个进程，进程中只有一个线程，则它就是单进程、单线程的程序。

单进程、单线程的程序在某些情况下效率非常低下，即便是很简单的程序。假如你正在通过系统的 ping 命令来扫描局域网中有哪些 IP 地址是可以访问的，局域网采用的是 192.168.113.0/24 网段，那么你将需要扫描 254 个地址。

在 Linux 中执行一条命令，如果命令成功地执行了，则会返回 0；如果没有成功执行，则会返回非 0 值。代码如下：

```
[root@myvm untitled]# ping -c1 192.168.113.1
PING 192.168.113.1 (192.168.113.1) 56(84) bytes of data.
64 bytes from 192.168.113.1: icmp_seq=1 ttl=64 time=0.299 ms

--- 192.168.113.1 ping statistics ---
1 packets transmitted, 1 received, 0% packet loss, time 0ms
rtt min/avg/max/mdev = 0.299/0.299/0.299/0.000 ms
[root@myvm untitled]# echo $?
0
[root@myvm untitled]# ping -c1 192.168.113.10
PING 192.168.113.10 (192.168.113.10) 56(84) bytes of data.
From 192.168.113.137 icmp_seq=1 Destination Host Unreachable

--- 192.168.113.10 ping statistics ---
1 packets transmitted, 0 received, +1 errors, 100% packet loss, time 0ms

[root@myvm untitled]# echo $?
1
```

在笔者的网络中存在着 192.168.113.1 这个地址，因为 ping 命令成功执行，所以返回值（退出码，用$?查看）是 0，而 192.168.113.10 这个地址是不存在的，所以返回值为非 0 值。

利用这个特性，编写代码，判断局域网中哪些地址是存在的。调用系统命令推荐使用 subprocess 模块。subprocess 模块中主要用到的方法是 run，一种运行方法是将命令行的各项都放到列表中：

```
>>> import subprocess
>>> subprocess.run(['id', 'root'])
uid=0(root) gid=0(root) 组=0(root)
CompletedProcess(args=['id', 'root'], returncode=0)
```

另一种方法是直接使用命令字符串，但是需要添加 shell=True 参数：

```
>>> subprocess.run('id root', shell=True)
uid=0(root) gid=0(root) 组=0(root)
CompletedProcess(args='id root', returncode=0)
```

以上两种方法的主要区别是，列表形式没有环境变量，而字符串形式支持环境变量，例如：

```
>>> subprocess.run(['ls', '~'])    # 不能解析~为家目录
ls: 无法访问~：没有那个文件或目录
CompletedProcess(args=['ls', '~'], returncode=2)

>>> subprocess.run('ls ~', shell=True)
公共  图片  音乐   模板 文档  桌面
CompletedProcess(args='ls ~', returncode=0)
```

subprocess.run 的执行结果默认打印在屏幕上，需要通过额外的参数才能把它们保存起来：

```
>>> result = subprocess.run(
...     'id root; id john',
...     shell=True,
...     stdout=subprocess.PIPE,
...     stderr=subprocess.PIPE
... )
>>> result.stdout
b'uid=0(root) gid=0(root) \xe7\xbb\x84=0(root)\n'
```

```
>>> result.stderr
b'id: john: no such user\n'
```

subprocess.run 执行结果还有一个 returncode,用于存储退出码,即$0 的值:

```
>>> result.returncode
1
```

了解了 subprocess 的用法,下面就可以编写 ping 功能了:

```
[root@myvm untitled]# vim ping.py
import subprocess

def ping(host):
    retval = subprocess.run(
        # 因为不需要输出,将输出丢弃即可
        'ping -c1 %s &> /dev/null' % host,
        shell=True
    )
    if retval.returncode == 0:
        print('%s:up' % host)
    else:
        print('%s:down' % host)

if __name__ == '__main__':
    ips = ('192.168.113.%s' % i for i in range(1, 255))
    for ip in ips:
        ping(ip)
```

执行上面的程序,如果很多地址都不存在,则将会执行几十分钟。局域网中所有的地址彼此无关,某一个地址不通不会影响其他地址的判定,如果能向所有的地址同时发起 ping 请求,则将会极大地提升效率。

10.2 通过 os.fork()实现多进程编程

首先说明一下,Windows 系统是不支持多进程的。在非 Windows 系统中,多进程通过 fork 实现。

Linux 系统在执行指令时，大都通过 fork 实现。例如，在 bash 终端中执行 ls 指令时，bash 进程是父进程，它将自身的资源复制一份，fork 出一个子进程，ls 指令在子进程中执行，当 ls 执行完毕后，子进程销毁。

10.2.1 多进程编程基础

Python 通过 os 模块的 fork() 方法实现多进程。Python 程序运行后，系统将创建一个进程（父进程），遇到 os.fork() 方法时，Python 派生出子进程，剩余的代码将在父子两个进程中同时执行。举一个简单的例子：

```
[root@myvm untitled]    # vim myfork.py
import os

print('starting...')
os.fork()               # fork 子进程
print('Hello World!')   # 语句将在父子进程中都执行一次

[root@myvm untitled]    # python3 myfork.py
starting...
Hello World!
Hello World!
```

程序开始运行后，在屏幕上打印出了 starting...，接下来通过 os.fork() 方法产生子进程，print('Hello World!') 将在父子进程中都执行一遍，所以屏幕上出现了两行 Hello World!。

在多进程编程时，需要考虑父进程执行哪些代码，子进程执行哪些代码。通过 os.fork() 方法的返回值能够判定进程是父进程还是子进程。os.fork() 方法的返回值是整数，这个数字在父子进程中是不一样的，在父进程中该数字是非 0 值（是子进程的进程号 PID），在子进程中该数字是 0。这样，我们就可以决定父子进程分别执行哪些代码了：

```
[root@myvm untitled]    # vim myfork.py
import os
```

```
    print('starting...')

    retval = os.fork()
    if retval:
        print('Hello from parent')
    else:
        print('Hello from child')

    print('Hello from both!')

[root@myvm untitled]# python3 myfork.py
starting...
Hello from parent
Hello from both!
Hello from child
Hello from both!
```

程序首先打印了 starting...，然后派生出一个子进程，后续代码在父子进程中都会执行。父进程判断 retval 的值是非 0 值，表示 True，打印 Hello from parent。由于 print('Hello from both!')在判断语句之外，也就是一定需要执行的语句，所以也打印出来。子进程同样需要进行判定，在子进程中，retval 的值是 0，表示 False，因此打印出 Hello from child，子进程继续向下执行，打印出 Hello from both!。

在多进程编程时，代码会在父子两个进程中都执行，如果控制不好，则会出现很多混乱的情况，因此，一定要规划好父子进程各自的任务。可以简单地这样设定：

- 父进程负责 fork 子进程。
- 子进程负责做具体的工作，工作结束后退出。

举一个简单的例子，父进程生成 3 个子进程，子进程负责打印一行字符：

```
[root@myvm untitled]# vim myfork2.py
import os

for i in range(3):
    retval = os.fork()
```

```
        if not retval:
            print('Hello')

[root@myvm untitled]# python3 myfork2.py
Hello
Hello
Hello
Hello
Hello
Hello
Hello
```

怎么回事？居然打印了 7 个 Hello，而不是 3 个。让我们分析一下代码。我们的本意是父进程 fork 子进程，子进程打印 Hello。在循环中，确实通过 retval 的值来确定是否是子进程，retval 的值为 0 表示 False，加上 not 后为 True。也就是说，如果是子进程才执行 print 语句，而父进程没有需要执行的代码。这里需要注意的是，子进程还可以再生成子进程。第一次循环时，父进程 fork 出了一个子进程，子进程打印 Hello，由于是循环结构，子进程将回到 for 循环的取值语句处，range 函数还有值可用，子进程又生成了它的子进程。同样地，子进程的子进程还可以再 fork 出子进程，"子子孙孙无穷匮也"，直到 range 函数无值可取的时候才会停止。因此，子进程执行完它的任务后，务必将其终止。exit()函数可以终止进程，就算后续还有代码也不会再执行，它彻底地终结了进程。代码如下：

```
[root@myvm untitled]# vim myfork2.py
import os

for i in range(3):
    retval = os.fork()
    if not retval:
        print('Hello')
        exit()

[root@myvm untitled]# python3 myfork2.py
Hello
Hello
Hello
```

10.2.2 应用案例：多进程 ping

➢ 你所在的局域网采用 192.168.113.0/24 网段。

➢ 通过 ping 扫描所有的可用 IP 地址。

➢ 如果可以 ping 通，则输出 192.168.113.x:up。

➢ 如果不通，则输出 192.168.113.x:down。

➢ 采用多进程的方式编写程序。

分析：本章开头的部分，已经展示了如何进行 ping 扫描，只不过是单进程的。多进程只是加上了 fork 而已，因此，前一章节的代码无须大改，需要变化的部分仅仅存在于循环部分。在循环体中进行 fork，生成子进程，子进程调用 ping()函数，执行完毕后务必退出。这样，程序将会瞬间生成 254 个子进程，每个进程都 ping 一个 IP 地址。

单进程的 ping 扫描需要几十分钟，而多进程的 ping 只需要几秒钟，程序最终的执行时间取决于最慢的一个 ping。代码如下：

```
[root@myvm untitled]# vim forkping.py
import subprocess
import os

def ping(host):
    retval = subprocess.run(
        'ping -c1 %s &> /dev/null' % host,
        shell=True
    )
    if retval.returncode == 0:
        print('%s:up' % host)
    else:
        print('%s:down' % host)

if __name__ == '__main__':
    ips = ('192.168.113.%s' % i for i in range(1, 255))
    for ip in ips:
```

```
            retval = os.fork()
            if not retval:
                ping(ip)
                exit()

[root@myvm untitled]# python3 forkping.py
192.168.113.2:up
192.168.113.1:up
[192.168.113.3:down
192.168.113.4:down
... 略 ...
```

> 提示：程序只需要几秒钟就结束了，但是屏幕上没有显示命令提示符，因为程序输出已经把命令提示符淹没了，按一下回车键，不必一直等待。

10.3 多线程和 threading 模块

进程是具有一定独立功能的程序，是系统进行资源分配和调度的一个独立单位；线程是进程的一个实体，是 CPU 调度和分派的基本单位，是比进程更小的能独立运行的基本单位，线程自己基本上不拥有系统资源。

一个线程只能属于一个进程，而一个进程可以有多个线程，进程中至少有一个线程（通常称之为主线程）。资源被分配给进程，同一个进程的所有线程共享该进程的资源。

可以这样理解，把某一个任务交给了你所在的项目组，你的项目组就是一个进程，任务比较庞大，需要组中每个成员都负责一部分事务，组中的成员就是线程。项目组拥有的资源，每个成员都可以共享使用。

不管是 Linux 系统，还是 Windows 系统，都可以支持多线程。Python 通常通过 threading 模块实现多线程编程。

在多线程编程时，需要使用 threading 模块的 Thread 类，将函数或者可调用的类实例作为其参数进行线程的创建。

10.3.1 多线程编程基础

与多进程编程类似，在编程时需要先思考主线程和工作线程分别负责哪些任务。可以简单地这样设定：

➢ 主线程负责生成工作线程。

➢ 工作线程做具体的工作。

与多进程不一样，工作线程执行完它的任务后就自动退出了，而子进程如果在循环结构里，则还会再产生子进程，而线程不会。

通过生成工作线程的方式打印 3 个 Hello，与进程做比较：

```
[root@myvm untitled]# vim mthello.py
import threading

def say_hi():
    print('Hello')

if __name__ == '__main__':
    for i in range(3):
        t = threading.Thread(target=say_hi)
        t.start()

[root@myvm untitled]# python3 mthello.py
Hello
Hello
Hello
```

在循环结构中，创建 3 次线程，target=say_hi。这里要注意，是把 say_hi 函数赋值给 target，不要误写为 target=say_hi()。当执行 t.start()时，相当于执行了 target()，而 target 就是 say_hi，这样就调用了 say_hi 函数。

如果 say_hi 函数有参数呢？Thread 还有其他参数，args 可以接收位置参数。代码如下：

```
[root@myvm untitled]# vim mthello.py
import threading

def say_hi(word):
    print('Hello %s' % word)

if __name__ == '__main__':
    for word in ['World', 'China']:
        t = threading.Thread(target=say_hi, args=(word,))
        t.start()

[root@myvm untitled]# python3 mthello.py
Hello World
Hello China
```

args=(word,)这里要注意,如果 word 后面没有逗号,那么 args 得到的将不是元组(还记得吗?单元素元组必须有逗号)。执行 t.start()的时候,相当于执行 target(*args),*args 表示要将 args 拆开,(word,)拆开得到了 word,这样就可以准确地取出每个单词了。

10.3.2 应用案例:多线程 ping

- 你所在的局域网采用 192.168.113.0/24 网段。
- 通过 ping 扫描所有的可用 IP 地址。
- 如果可以 ping 通,则输出 192.168.113.x:up。
- 如果不通,则输出 192.168.113.x:down。
- 采用多线程的方式编写程序。

分析:与多进程编程类似,只要对多进程 ping 中循环体中的代码稍作修改即可,其他不再赘述。代码如下:

```
[root@myvm untitled]# vim mtping.py
import subprocess
import threading
```

```
    def ping(host):
        retval = subprocess.run(
            'ping -c1 %s &> /dev/null' % host,
            shell=True
        )
        if retval.returncode == 0:
            print('%s:up' % host)
        else:
            print('%s:down' % host)

if __name__ == '__main__':
    ips = ('192.168.113.%s' % i for i in range(1, 255))
    for ip in ips:
        t = threading.Thread(target=ping, args=(ip,))
        t.start()
```

```
[root@myvm untitled]# python3 mtping.py
192.168.113.2:up
192.168.113.1:up
192.168.113.3:down
192.168.113.4:down
... 略 ...
```

10.4 通过 Paramiko 模块实现服务器远程管理

Paramiko 是用 Python 语言写的一个模块，遵循 SSH2 协议，支持以加密和认证的方式进行远程服务器的连接。它提供了 SSH 远程管理服务器，以及 SFTP 进行上传下载之类的常用功能。

10.4.1 Paramiko 应用基础

Paramiko 不是 Python 标准库中的模块，需要单独安装：

```
[root@myvm untitled]# pip3 install paramiko
```

通过 Paramiko 实现 SSH 远程管理服务器时，首先，需创建 SSHClient 对象：

```
>>> import paramiko
>>> ssh = paramiko.SSHClient()
```

通过 SSH 协议连接远程服务器，服务器将会发送它的主机密钥给客户端，客户端在本地查找相应的密钥信息，以便决定是否要信任密钥。如果在本地没有查找到相应的信息，系统将会询问管理员是否要信任这个密钥，通常管理员需要回答 yes 才能继续完成后续操作。通过 Paramiko 连接远程服务器同样存在这样的过程，为了实现自动接收并信任密钥，需要执行以下操作：

```
>>> ssh.set_missing_host_key_policy(paramiko.AutoAddPolicy())
```

然后，就可以登录服务器了：

```
>>> ssh.connect('127.0.0.1', username='root', password='123456', port=22)
```

连接到服务器后，执行命令通过 exec_command() 实现：

```
>>> result = ssh.exec_command('id root; id tom')
```

exec_command()的返回值是具有 3 项元素的元组，分别是输入、输出和错误的类文件对象。类文件对象指像文件一样的对象，它们也有 read 方法，这里我们只关心命令执行后有哪些输出，是否有错误：

```
>>> type(result)
<class 'tuple'>
>>> len(result)
3
>>> out = result[1].read()
>>> err = result[2].read()
>>> print(out)
b'uid=0(root) gid=0(root) \xe7\xbb\x84=0(root)\n'
>>> print(err)
b'id: tom: no such user\n'
```

输出结果是 bytes 类型，在打印时\n 没有被转义成回车，中文字符也没有显示出来，可以对其进行解码：

```
>>> print(out.decode())
uid=0(root) gid=0(root) 组=0(root)

>>> print(err.decode())
id: tom: no such user
```

最后，远程管理任务完成后，可以断开到服务器的连接了：

```
>>> ssh.close()
```

10.4.2 应用案例：服务器批量管理

目前你管理着 200 台服务器，这些服务器被托管到全国多个城市的 IDC。这些服务器有时需要执行统一的管理操作。例如，为了安全，每隔三个月必须修改密码。为了方便管理，你决定编写一个运维工具以实现服务器的批量操作。

首先，服务器被托管到了全国多个 IDC，它们的 IP 地址不是连续的，所在的网段也各不相同，可以把所有的地址都写入文件，每行一个地址。执行任务时，遍历文件，从文件中取出地址进行远程管理。

其次，每次执行的命令都不相同，为了更大的灵活性，命令通过位置参数进行传递。

然后，需要注意密码的安全性。如果将密码以明文的形式写入文件，或通过位置参数给定，都有可能造成泄露。那就通过 getpass 在执行命令时输入，getpass 不会回显在屏幕上，也不会记录在历史命令中。

最后，200 台服务器如果采用顺序执行的方式，则效率会十分低下，采用多线程编程的方式能够大大提升效率。

通过以上分析，我们编写脚本程序 rcmd.py，以这种方式运行：

```
[root@myvm untitled]# python3 rcmd.py ipaddr.txt 'useradd tom'
```

其中，ipaddr.txt 是服务器的地址文件，引号中的内容是需要在远程服务器执行的命令。

程序执行时，如果有不符合执行要求的输入，则要给出原因。完整代码如下：

```
[root@myvm untitled]           # vim ipaddr.txt
192.168.113.133
127.0.0.1
... 略 ...

[root@myvm untitled]           # vim rcmd.py
import paramiko
import threading
import sys
import getpass
import os

def rcmd(host, user='root', pwd=None, port=22, command=None):
    ssh = paramiko.SSHClient()           # 实例化 SSHClient
    # 设置自动接收密钥
    ssh.set_missing_host_key_policy(paramiko.AutoAddPolicy())
    # 连接远程服务器
    ssh.connect(host, username=user, password=pwd, port=port)
    # 在远程服务器上执行命令
    stdin, stdout, stderr = ssh.exec_command(command)
    out = stdout.read()
    err = stderr.read()
    if out:                              # 如果有输出，则打印在屏幕上，地址绿色显示
        print('[\033[32;1m%s\033[0m] OUT:\n%s' % (host, out.decode()))
    if err:                              # 如果有错误，则打印在屏幕上，地址红色显示
        print('[\033[31;1m%s\033[0m] ERROR:\n%s' % (host, err.decode()))
    ssh.close()                          # 关闭连接

if __name__ == '__main__':
    if len(sys.argv) != 3:               # 位置参数必须是3项
        print("Usage: %s ipfile 'command_to_execute'" % sys.argv[0])
        exit(1)
    if not os.path.isfile(sys.argv[1]):  # 判断IP地址文件是否存在
        print('No such file: %s' % sys.argv[1])
```

```
        exit(2)
    ipfile = sys.argv[1]
    command = sys.argv[2]
    pwd = getpass.getpass()
    with open(ipfile) as fobj:
        for line in fobj:
            ip = line.strip()        # 把一行文本两端的空白字符移除
            t = threading.Thread(target=rcmd, args=(ip,), kwargs={'pwd': pwd, 'command': command})
            t.start()                # 相当于调用 target(*args, **kwargs)
```

```
[root@myvm untitled]# python3 rcmd.py    # 位置参数不够
Usage: rcmd.py ipfile 'command_to_execute'
[root@myvm untitled]# echo $?    # 退出码为 1
1
[root@myvm untitled]# python3 rcmd.py ipfile 'id root'    # 文件不存在
No such file: ipfile
[root@myvm untitled]# echo $?    # 退出码为 2
2
[root@myvm untitled]# python3 rcmd.py ipaddr.txt 'id root; id tom'
Password:
[192.168.113.133] OUT:
uid=0(root) gid=0(root) 组=0(root)

[192.168.113.133] ERROR:
id: tom: no such user

[127.0.0.1] OUT:
uid=0(root) gid=0(root) 组=0(root)

[127.0.0.1] ERROR:
id: tom: no such user
```

第11章 网络互联

全球各个国家和地区的网络串联成了一个更加庞大的网络，也就是国际互联网、因特网（Internet）。这些网络以一组相同的协议彼此连接，形成逻辑上单一、巨大的国际网络。网络应用林林总总，使用的协议多种多样，Python 既提供了底层网络的支持，又提供了高级的模块，使得编写网络应用程序轻松而友好。

11.1 Socket 模块

Socket 直接翻译过来是孔、插座的意思。当你买了一台台式计算机，它一般都有一张集成网卡，网卡有插孔，可以插上网线连接网络。那么，有了网线插孔，插上网线就能联网了吗？显然还是不行的。网络中通信，需要计算机有地址，否则其他计算机没有办法找到你的主机，还需要通过手工的方式，或动态获得的方式配置 IP 地址。如果计算机连网卡都没有，那么自然也就不能连接网络了。

主机上的程序也是这样，我们经常用到的 ls 命令，它本身具有查看远程主机文件的功能吗？答案是没有。为什么没有呢？因为它就像一台没有网卡的主机，不具备网络功能。如果需要一个程序拥有网络功能，就得给它"打一个孔"，也就是创建一个 Socket（套接字）。有了 Socket 之后，还需要给它加上地址信息，否则其他主机的程序没有办法找到你的程序。当然了，一台主机上肯定不止开启了一个程序，网络服务器将网页发到你的主机后，你的主机到底是用浏览器接收呢，还是用邮件客户端接收呢？为了区别同一主机上不同的网络程序，需要在程序的 Socket 上绑定协议（TCP 或 UDP）和端口号。

TCP（传输控制协议），是一个面向连接的、可靠的协议。类似打电话，两个人打电话之前，一方要拨通另一方的电话号码，另一方接听之后才能说话，所说的内容就是传输的数据。TCP 在传输数据之前，也要先"拨通电话"，即建立连接。打电话时，没有听清对方说的话，可以让对方重说一遍。TCP 传输数据时，接收方没有接收到数据，发送方会重传一遍，以保证数据可靠地发送到了目的地。

UDP（用户数据报协议），是一个非面向连接、不可靠的协议。类似发消息，发消息前不需要拨对方的电话号码；消息发出去之后，不能确定接收的一方是否已经收到，也不能确定接收者是否会去阅读。UDP 发送数据时，也不用建立连接，只要发送方准备好数据就可以发送了；数据发送后，数据即使在发送过程中损坏被丢弃，发送方也不会重发。

11.1.1 TCP 服务器

通过 Socket 模块进行 TCP 服务器程序的编写，步骤比较多。

（1）创建 TCP Socket。

（2）绑定地址信息（IP 地址和端口号）到 Socket。

（3）启动监听。

（4）接收客户端发来的连接。

（5）与客户端进行通信（收发数据）。

（6）关闭客户端和服务器的 Socket。

我们编写一个简单的示例，在这个例子中，服务器监听在全部地址的 12345 端口。客户端发来数据后，简单地把它打印在屏幕上，再发送一行数据给客户端：

```
[root@myvm untitled] # vim tcpserv1.py
import socket

host = ''                    # 空字符串表示本机所有地址，即 0.0.0.0
port = 12345                 # 端口号是整数类型
addr = (host, port)
s = socket.socket()          # socket()方法默认创建TCP Socket
s.bind(addr)                 # 绑定地址信息到 Socket
s.listen(1)                  # 启动监听过程
cli_sock, cli_addr = s.accept()     # 用于接收客户端的连接
print('Client from:', cli_addr)
data = cli_sock.recv(1024)          # 最多一次接收1024字节的数据
print(data.decode())
cli_sock.send(b'Got it.\r\n')
cli_sock.close()             # 关闭客户端 Socket
s.close()                    # 关闭服务器 Socket
```

s.listen()是启动监听过程，它需要一个参数，表示最多允许多个客户端访问该服务。不过，由于程序是单进程、单线程的，它只能为一个客户端提供服务，无法实现多客户端并发服务。程序运行到此处后，可以查看服务器的网络服务，Python 已经监听在 12345

端口了：

```
[root@myvm untitled]# netstat -tlnp | grep :12345
tcp    0.0.0.0:12345    0.0.0.0:*    LISTEN    109797/python3
```

当程序运行到 s.accept() 后，它将 "卡" 在这里，直到有客户端与它建立连接。它的返回值有两项，一项是客户端的 Socket，另一项是客户端的地址信息（由客户端地址和端口号构成的元组）。

客户端向通过自己的 Socket 发送数据，服务器获取客户端 Socket 后，就可以通过它接收数据了。cli_sock.recv(1024) 表示一次最多接收 1024 字节数据，如果有更多的数据需要接收，可以加大接收量，或者多接收几次。这与读文件类似，文件内容很多，可以多读几次。

收到的数据都是 bytes 类型，在本地打印时，为了能准确显示出常见字符（如中文），需要进行 bytes 到 str 类型的转换。同样，发送数据也需要是 bytes 类型，一般发送的数据都以 \r\n 结尾。

服务器启动后，通过 Telnet 进行测试，如果没有安装，则先安装它：

```
[root@myvm untitled]# yum install -y telnet
```

访问服务器 12345 端口：

```
[root@myvm untitled]# telnet 127.0.0.1 12345
Trying 127.0.0.1...
Connected to 127.0.0.1.
Escape character is '^]'.
您好
Got it.
Connection closed by foreign host.
```

发送 "您好" 到服务器，服务器回应 "Got it."，然后关闭连接。

服务器的输出如下：

```
[root@myvm untitled]# python3 tcpserv1.py
Client from: ('127.0.0.1', 55078)
```

```
您好
```

首先服务器打印出客户端的地址信息,又把客户端发来的"您好"打印在屏幕上。

如果此时你想再测试一遍,启动服务器时将会有以下错误:

```
[root@myvm untitled]# python3 tcpserv1.py
Traceback (most recent call last):
  File "tcpserv1.py", line 7, in <module>
    s.bind(addr)
OSError: [Errno 98] Address already in use
```

在默认情况下,服务进程结束后,系统为它保留这个Socket 1min。也就是说,1min后才能再次运行。为了去除这个限制,需要在创建服务器Socket后,加上以下选项:

```
s.setsockopt(socket.SOL_SOCKET, socket.SO_REUSEADDR, 1)
```

现在的程序,客户端只能发一条信息,发第二条信息还需要启动服务器、客户重新建立连接。怎样才能让客户端多发几条信息呢?通过观察,代码中的recv和send部分是与客户端通信的,只要把这部分内容放到循环里即可。另外,我们设定一下,如果客户端发送的内容是quit,则结束通信:

```
[root@myvm untitled]# vim tcpserv1.py
import socket


host = ''
port = 12345
addr = (host, port)
s = socket.socket()
s.setsockopt(socket.SOL_SOCKET, socket.SO_REUSEADDR, 1)
s.bind(addr)
s.listen(1)
cli_sock, cli_addr = s.accept()
print('Client from:', cli_addr)

while True:
    data = cli_sock.recv(1024)
```

```
            if data.strip() == b'quit':
                cli_sock.send(b'Bye-bye!\r\n')
                break
            print(data.decode())
            cli_sock.send(b'Got it.\r\n')

    cli_sock.close()
    s.close()

[root@myvm untitled]# python3 tcpserv1.py
```

打开另一个终端，连接测试：

```
[root@myvm untitled]# telnet 127.0.0.1 12345
Trying 127.0.0.1...
Connected to 127.0.0.1.
Escape character is '^]'.
how are you?
Got it.
good morning.
Got it.
quit
Bye-bye!
Connection closed by foreign host.
```

注意，cli_sock.close()不要写到循环中，一旦客户端 Socket 关闭，也就无法再通信了。

现在已经实现了与一个客户端通信，可是客户端结束通信后，服务器也退出了。我们需要让服务器一直在线，能为多个客户端提供服务。服务器接受客户端连接，用的是 s.accept()，当一个客户端退出后，服务器代码需要再回到此处就能满足需求了：

```
[root@myvm untitled]# vim tcpserv1.py
import socket

host = ''
port = 12345
addr = (host, port)
```

```python
s = socket.socket()
s.setsockopt(socket.SOL_SOCKET, socket.SO_REUSEADDR, 1)
s.bind(addr)
s.listen(1)

while True:
    cli_sock, cli_addr = s.accept()
    print('Client from:', cli_addr)

    while True:
        data = cli_sock.recv(1024)
        if data.strip() == b'quit':
            cli_sock.send(b'Bye-bye!\r\n')
            break
        print(data.decode())
        cli_sock.send(b'Got it.\r\n')

    cli_sock.close()

s.close()
```

好了,你可以自行测试一下,这里不再赘述。当然,你还可以继续改动一下。例如,服务器发送的数据不要写成固定的,而是通过 input() 读入。这样,你就实现了一个两台主机聊天的小程序。

11.1.2 应用案例:多线程 TCP 服务器

编写 TCP 服务器程序,要求如下:

➢ 服务器监听在所有地址的 12345 端口。

➢ 服务器接收到客户端消息后,加上当前系统时间将其返回。

➢ 服务器能够为多个客户端同时提供服务。

➢ 通过多线程的方式完成程序。

➢ 通过 OOP 的方式实现。

分析：程序与前一节的示例很像，只不过需要通过 OOP 的方式进行编写。服务器同时为多个客户端提供服务，可以把相关的代码写入同一个方法。当客户端连接后，启动一个工作线程，该线程实现与客户端通信。

完整代码如下：

```
[root@myvm untitled]# vim tcp_time_serv.py
import socket
import threading
from time import strftime

class TcpTimeServ:
    def __init__(self, host, port):
        self.addr = (host, port)
        self.serv = socket.socket()
        self.serv.bind(self.addr)
        self.serv.setsockopt(
            socket.SOL_SOCKET, socket.SO_REUSEADDR, 1
        )
        self.serv.listen(1)

    def chat(self, cli_sock):
        while True:
            data = cli_sock.recv(1024)
            if data.strip() == b'quit':
                break
            data = '[%s] %s' % (strftime('%H:%M:%S'), data.decode())
            cli_sock.send(data.encode())

        cli_sock.close()

    def mainloop(self):
        while True:
            try:
                cli_sock, cli_addr = self.serv.accept()
            except KeyboardInterrupt:
```

```
            break
        t = threading.Thread(target=self.chat, args=(cli_sock,))
        t.start()

    self.serv.close()

if __name__ == '__main__':
    host = ''
    port = 12345
    tcpserv = TcpTimeServ(host, port)
    tcpserv.mainloop()
```

11.1.3 TCP 客户端编程

与 TCP 服务器程序类似，TCP 客户端只是不用固定 Socket 绑定的地址信息，由系统随机分配就好。TCP 客户端编程所需的步骤如下：

（1）创建 TCP Socket。

（2）连接服务器。

（3）与服务器通信。

（4）结束通信，关闭客户端 Socket。

分析多线程 TCP 服务器案例的代码，为其编写客户端程序：

```
[root@myvm untitled]# vim tcpclient.py
import socket
import sys

class TcpClient:
    def __init__(self, serv, port):
        self.addr = (serv, port)
        self.client = socket.socket()
        self.client.connect(self.addr)

    def chat(self):
```

```
        while True:
            data = input('(quit to exit)> ') + '\r\n'
            self.client.send(data.encode())
            if data.strip() == 'quit':
                break
            rdata = self.client.recv(1024)
            print(rdata.decode())

        self.client.close()

if __name__ == '__main__':
    serv = sys.argv[1]
    port = int(sys.argv[2])
    tcp_client = TcpClient(serv, port)
    tcp_client.chat()

[root@myvm untitled]# python3 tcpclient.py 127.0.0.1 12345
(quit to exit)> how are you?
[15:49:31] how are you?

(quit to exit)> quit
```

11.1.4 UDP 服务器编程

UDP 服务器与 TCP 服务器有很多相似之处，不过它实现起来更简单一些。UDP 是非面向连接的，也就没有监听和等待连接过程。总体步骤如下：

（1）创建 UDP Socket。

（2）绑定地址信息到 Socket。

（3）收发数据。

（4）关闭服务器 Socket。

当客户端与 UDP 服务器通信时，每条消息都被独立处理，即使消息来自同一客户端，服务器也不认为它们有什么关联。只要客户端发来的数据包括客户端的地址信息，服务器就可以把回应消息原路返回。正是由于这个特点，UDP 才可以"同时响应多个客户端"。

将多线程 TCP 服务器的功能使用 UDP 实现如下，我们使用函数的方式：

```
[root@myvm untitled]# vim udp_time_serv.py
import socket
from time import strftime

def udp_server(host, port):
    addr = (host, port)
    s = socket.socket(type=socket.SOCK_DGRAM)
    s.setsockopt(socket.SOL_SOCKET, socket.SO_REUSEADDR, 1)
    s.bind(addr)

    while True:
        try:
            data, cli_addr = s.recvfrom(1024)
        except KeyboardInterrupt:
            break

        data = '[%s] %s' % (strftime('%H:%M:%S'), data.decode())
        s.sendto(data.encode(), cli_addr)

    s.close()

if __name__ == '__main__':
    host = ''
    port = 12345
    udp_server(host, port)
```

socket()方法默认使用 type=socket.SOCK_STEAM 创建 TCP Socket，创建基于 UDP 协议的 Socket 必须明确声明 type=socket.SOCK_DGRAM。

服务器通过 s.recvfrom()接收客户端发来的信息，它的返回值是客户端发送的数据和客户端的地址信息（客户端地址和端口号）。由于没有连接，发送数据时需要指明将什么样的数据发往哪个地址。

11.1.5 UDP 客户端编程

UDP 客户端实现起来更为容易，创建好 UDP Socket 后，只要将数据发给服务器，再处理从服务器收到的数据即可。

UDP 客户端的实现步骤如下：

（1）创建 UDP Socket。

（2）收发数据。

（3）关闭客户端 Socket。

分析前一节 UDP 服务器的程序，为其编写客户端应用：

```
[root@myvm untitled]# vim udpclient.py
import socket
import sys

def udp_client(serv, port):
    addr = (serv, port)
    client = socket.socket(type=socket.SOCK_DGRAM)

    while True:
        data = input('(quit to exit)> ') + '\r\n'
        if data.strip() == 'quit':
            break

        client.sendto(data.encode(), addr)
        rdata = client.recvfrom(1024)[0]
        print(rdata.decode())

    client.close()

if __name__ == '__main__':
    server = sys.argv[1]
    port = int(sys.argv[2])
    udp_client(server, port)
```

```
[root@myvm untitled]# python3 udpclient.py 127.0.0.1 12345
(quit to exit)> how are you?
[16:07:44] how are you?

(quit to exit)> quit
```

你可以打开多个终端,每个终端都与服务器通信,服务器认为接收的数据都是独立的,回应消息时只要把数据发送到相应的地址即可,这样看起来就像多个客户端在"同时与服务器进行通信"。

11.2 urllib 模块

Socket 模块是网络底层模块,如果用它编写网络程序需要编写太多的代码。例如,通过 HTTP 下载图片,光有 Socket 模块的知识就不够了。还需要在发送请求时,自己编写 HTTP 的请求头,收到的数据又需要自行分离响应头和数据等。

Python 是高级语言,拥有数量庞大的模块。当你需要某个功能时,可以第一时间不去思考如何编写它,而是查阅一下有没有相关的模块已经实现了这个功能。

urllib 是 Python 提供的上层接口,它是一个集合了多个使用 URL 模块的软件包。通过它,能够方便地像读取本地文件一样通过 HTTP 和 FTP 读取互联网上的数据。

urllib 包括以下 4 个模块。

> urllib.request:打开和阅读 URLs。

> urllib.error:包含 urllib.request 抛出的异常。

> urllib.parse:用于处理 URL。

> urllib.robotparser:用于解析 robots.txt 文件。

11.2.1 urllib.request 模块

urllib.request 模块定义了适用于在各种复杂情况下打开 URL(主要为 HTTP)的函数和类。它的基本使用与读本地文件非常类似,首先打开一个 URL 的链接,然后读取其中的数据：

```
>>> from urllib import request                    # 导入模块功能
>>> html = request.urlopen('http://www.163.com')  # 打开 URL
>>> html.readline()                               # 读取一行
b'<!DOCTYPE HTML>\n'
>>> html.read(10)                                 # 读取 10 字节
b'<!--[if IE '
>>> html.readlines()                              # 将剩余内容读到列表中
```

urllib.request 还提供了下载数据并保存到本地文件的方法：

```
>>> url = \
'http://attach.bbs.miui.com/forum/201512/26/024248c9f9aa4h2caby44c
.png'
>>> fname = '/tmp/163.png'
>>> request.urlretrieve(url, fname)
('/tmp/163.png', <http.client.HTTPMessage object at 0x109987cc0>)
```

request.urlretrieve 函数还可以接收一个额外的参数，我们可以用它来自定义输出：

```
>>> def output(num, size, total):
...     percent = 100 * num * size / total
...     if percent > 100:
...         percent = 100
...     print('\r%s->%.2f%%' % ('..' * num, percent), end='')
...
>>> request.urlretrieve(url, fname, output)
......................................->100.00%
```

urlretrieve 在下载时，将待下载的文件分成了很多块，逐块进行下载。output 函数中的第一个参数 num 是已经下载了的数据块数目，size 是每个数据块的大小，total 是正在下载的网络资源的大小。假设网络资源（如一张图片）的大小为 101KB，每块的大小均为 10KB，这样需要 11 个块，而 100×10×11/101 的值超过了 100，因此在显示下载百分比的时候，如果 percent 的值大于 100，就取值 100。

HTTP 发送请求时，头部结构包括客户端浏览器的信息。本地安装 Apache Web 服务

器并启动:

```
[root@myvm untitled]# yum install -y httpd
[root@myvm untitled]# echo 'apache web server' > /var/www/html/index.html
[root@myvm untitled]# systemctl start httpd
```

Apache Web 服务器的访问日志是/var/log/httpd/access_log,跟踪它的尾部数据:

```
[root@myvm untitled]# tail -f /var/log/httpd/access_log
```

通过 urllib 访问本机 Web 服务器:

```
>>> html = request.urlopen('http://127.0.0.1')
```

Apache 日志终端中将会得到这样的内容:

```
127.0.0.1 - - [16/Jun/2019:22:14:12 +0800] "GET / HTTP/1.1" 200 18 "-" "Python-urllib/3.7"
```

"Python-urllib/3.7"就是客户端类型。而正常使用 Firefox 访问服务器时,日志输出如下:

```
127.0.0.1 - - [16/Jun/2019:22:16:40 +0800] "GET /favicon.ico HTTP/1.1" 404 209 "-" "Mozilla/5.0 (X11; Linux x86_64; rv:52.0) Gecko/20100101 Firefox/52.0"
```

urllib 的 Request 为我们提供了修改 HTTP 请求头的功能,这样就可以使用 Python 代码模拟正常浏览器访问服务器了:

```
>>> headers = {'User-Agent': "Mozilla/5.0 (X11; Linux x86_64; rv:52.0) Gecko/20100101 Firefox/52.0"}
>>> r = request.Request('http://127.0.0.1', headers=headers)
>>> html = request.urlopen(r)
```

此时,观察 Apache 的日志输出,已经显示是通过 Firefox 访问的了:

```
127.0.0.1 - - [16/Jun/2019:22:20:41 +0800] "GET / HTTP/1.1" 200 18 "-" "Mozilla/5.0 (X11; Linux x86_64; rv:52.0) Gecko/20100101 Firefox/52.0"
```

URL 中只允许一部分 ASCII 字符,有些字符必须进行转义。试着通过搜狗搜索

"Python 编程",Python 的代码如下:

```
>>> url = 'https://www.sogou.com/web?query=python编程'
>>> html = request.urlopen(url)
```

这将会引发异常:

```
UnicodeEncodeError: 'ascii' codec can't encode characters in position 21-22: ordinal not in range(128)
```

汉字不是 URL 中可以接受的字符,需要将其转换,转换方式如下:

```
>>> url = 'https://www.sogou.com/web?query=' + request.quote('python编程')
>>> print(url)
https://www.sogou.com/web?query=python%E7%BC%96%E7%A0%8B
```

11.2.2 urllib.error 模块

访问 Web 服务器时,有时会出现一些错误,常见的如 404 not found 及 403 forbidden。这些错误反馈在 Python 的代码中就是异常,urllib 的 error 模块用来处理这些异常。

在自己的服务器上创建一个名为 ban 的目录,将其权限改为 000,然后进行测试:

```
[root@myvm untitled]# mkdir -m 000 /var/www/html/ban
>>> ban_url = 'http://127.0.0.1/ban'
>>> request.urlopen(ban_url)
Traceback (most recent call last):
urllib.error.HTTPError: HTTP Error 403: Forbidden
```

测试不存在的 URL:

```
>>> non_url = 'http://127.0.0.1/none'
>>> request.urlopen(non_url)
Traceback (most recent call last):
urllib.error.HTTPError: HTTP Error 404: Not Found
```

需要注意的是,Python 抛出的异常来自 urllib.error 模块,要想捕获异常需要导入模块:

```
[root@myvm untitled]# vim html_err.py
from urllib import request, error

ban_url = 'http://127.0.0.1/ban'
non_url = 'http://127.0.0.1/none'

try:
    request.urlopen(ban_url)
except error.HTTPError as e:
    print('错误:', e)

try:
    request.urlopen(non_url)
except error.HTTPError as e:
    print('错误:', e)

[root@myvm untitled]# python3 html_err.py
错误: HTTP Error 403: Forbidden
错误: HTTP Error 404: Not Found
```

11.2.3 应用案例：爬取图片

要求：将网页中的图片爬取到本地。

分析：Python 中有专门的框架和模块实现爬虫功能。我们也可以利用已学的知识实现这个功能。网页文件是文本文件，网站上显示的图片在首页文件中只是一个个图片超链接。只要在网页文件中获取图片的准确 URL，就可以将它们下载下来。

经过观察，图片 URL 的主要特点是以 http 或 https 开头，图片的格式是 png、jpg、jpeg 等。这些 URL 可以通过正则表达式进行匹配。

实现代码如下：

```
[root@myvm untitled]# vim get_web_imgs.py
from urllib import request
import os
import re

# 编写用于获取图片网址的函数，网址 URL 存到列表中
```

```python
    def get_url(fname, patt, encoding=None):
        result = []
        cpatt = re.compile(patt)

        with open(fname, encoding=encoding) as fobj:
            for line in fobj:
                m = cpatt.search(line)
                if m:
                    result.append(m.group())

        return result

if __name__ == '__main__':
    url_web = 'http://www.xxx.com'
    fname_web = '/tmp/web.html'
    dst_dir = '/tmp/web'    # 图片存储目录
    if not os.path.exists(fname_web):
        request.urlretrieve(url_web, fname_web)
    if not os.path.exists(dst_dir):
        os.mkdir(dst_dir)

    img_patt = '(http|https)://[-\w./]+\.(jpg|jpeg|png|gif)'
    # 注意有些网站的字符编码用的是"简体中文",而不是 UTF-8,这样的网站,编码要用 GBK
    img_urls = get_url(fname_web, img_patt, 'gbk')

    for url in img_urls:
        img_fname = url.split('/')[-1]
        img_fname = os.path.join(dst_dir, img_fname)
        try:
            request.urlretrieve(url, img_fname)
        except:
            pass
```

在这个示例中要注意，Python 默认的文字编码用的是 UTF-8，而有些网站用的是 GBK。打开文件时，务必指定编码格式，否则 Python 通过 UTF-8 编码解析 GBK 编码就会出现异常。

在保存图片时，网上的图片名是什么，本地名就是什么。因此，img_fname 是先取出图片 URL 中最后的文件名部分，再和本地图片目录拼接，这样就得到了存储图片时的本地绝对路径。

11.3 通过 requests 模块实现网络编程

Python 提供了很多模块来基于 HTTP 进行网络编程,如 urllib 模块。然而,urllib 模块只提供了基础的功能,很多实现细节仍然需要使用者自己解决。

HTTP 有很多方法,通过 HTTP 进行网络编程,需要了解一二:

- GET:请求指定的页面信息,并返回实体主体。
- HEAD: 类似 GET 请求,只不过返回的响应中没有具体的内容,用于获取报头。
- POST:向指定资源提交数据进行处理请求(如提交表单或者上传文件)。数据被包含在请求体中。POST 请求可能会导致新的资源的建立和/或已有资源的修改。
- PUT:从客户端向服务器传送的数据取代指定的文档的内容。
- DELETE:请求服务器删除指定的页面。
- CONNECT:HTTP/1.1 协议中预留给能够将连接改为管道方式的代理服务器。
- TRACE:回显服务器收到的请求,主要用于测试或诊断。

requests 是 Python 语言编写的一个简单而优雅的 HTTP 库。不需要手动为 URL 添加查询字串,也不需要对 POST 数据进行表单编码。Keep-alive 和 HTTP 连接池的功能是 100%自动化的,一切动力都来自根植在 requests 内部的 urllib3。

requests 并非 Python 标准库,在使用之前需要先安装:

```
[root@myvm untitled]# pip3 install requests
```

requests 的使用非常简单,只要你决定了通过什么方法访问 URL,应用就直截了当:

```
requests.get("https://github.com/timeline.json")      # GET 请求
requests.post("http://httpbin.org/post")              # POST 请求
requests.put("http://httpbin.org/put")                # PUT 请求
requests.delete("http://httpbin.org/delete")          # DELETE 请求
requests.head("http://httpbin.org/get")               # HEAD 请求
requests.options("http://httpbin.org/get")            # OPTIONS 请求
```

11.3.1 JSON 轻量级数据交换格式

在前面章节谈到文件时，我们注意到，不能把各种数据类型（如字典、列表）直接写入文件，需要用到存储器 pickle 模块。

在网络中传输数据时，传输的往往也是 bytes 类型，在传输特定类型数据时，需要相应的解决方案。

JSON（JavaScript Object Notation）是一种轻量级的数据交换格式，易于人们阅读和编写，同时易于机器解析和生成。基于 JavaScript Programming Language，JSON 采用完全独立于语言的文本格式，但是也使用了类似 C 语言家族的习惯（包括 C、 C++、C#、Java、JavaScript、Perl、Python 等），这些特性使 JSON 成为理想的数据交换语言。

JSON 主要有以下两种结构。

➢ 键值对的集合：在 Python 中主要对应字典。

➢ 值的有序列表：在大部分语言里，它被理解为数组。

Python 和 JSON 的数据类型对照如表 11-1 所示。

表 11-1 数据类型对照表

Python	JSON
dict	object
list, tuple	array
str	string
int, float	number
True	true
Fale	flase
None	null

Python 的 JSON 模块，主要有 dumps 和 loads。dumps 对编码后的 JSON 对象进行 decode。如果想通过 JSON 字符串得到原始数据，则需要使用 json.loads()函数。

```
>>> import json
>>> info = {'name': 'bob', 'age': 23}
>>> jstr = json.dumps(info)
```

```
>>> type(jstr)
<class 'str'>
>>> print(jstr)
{"name": "bob", "age": 23}
>>> jdata = json.loads(jstr)
>>> type(jdata)
<class 'dict'>
>>> print(jdata)
{'name': 'bob', 'age': 23}
```

通过网络传输上述字典 info 时,先将它 dumps 成 JSON 字符串,再进行发送。接收方收到了 JSON 字符串,再通过 loads 方法,将其转换成它能识别的数据结构。

11.3.2 requests.get 方法

HTTP 的众多方法中,GET 方法非常常见。在浏览器地址栏中输入网址采用 GET 方法,在网页上单击超链接采用 GET 方法,form 表单提交数据也可以采用 GET 方法。

requests.get 用于向 Web 服务器发送 GET 请求。根据请求的内容,服务器返回的结果也是多样的。

服务器返回的是文本内容,使用返回对象的 text 属性:

```
>>> import requests
>>> r = requests.get('http://www.163.com')
>>> print(r.text)              # 打印响应数据
>>> print(r.encoding)          # 打印网页编码
GBK
```

如果请求的内容是二进制数据,则 r.text 就不合适了,需要使用 content:

```
>>> url = \
'http://attach.bbs.miui.com/forum/201512/26/024248c9f9aa4h2caby44c.png'
>>> r = requests.get(url)
>>> with open('/tmp/myimg.png', 'wb') as fobj:
...     fobj.write(r.content)
```

当然，下载的数据量也可能很大，这时候更好的做法是这样的：

```
>>> with open('/tmp/myimg2.png', 'wb') as fobj:
...     for chunk in r.iter_content(1024):
...         fobj.write(chunk)
```

网络中传输的数据还有很多是结构化的，需要通过 JSON 形式进行解析。例如，想要能过 Python 获取某一地点的天气情况，可以访问：

➢ 实况天气获取：中国天气网域名/data/sk/城市代码.html。

➢ 城市信息获取：中国天气网域名/data/cityinfo/城市代码.html。

➢ 详细指数获取：中国天气网域名/data/zs/城市代码.html。

其中城市代码，自行在搜索引擎中搜索"中国天气网 城市代码查询"，全国各个省市区县都有相应的代码，如北京的代码是 101010100：

```
>>> bj = '中国天气网域名/data/sk/101010100.html'
>>> r = requests.get(bj)
```

中国天气网将会返回北京的天气实况信息，而且是以 JSON 格式返回的。requests 的返回对象有一个 json()方法，能够自动进行 loads：

```
>>> r.json()
```

很可能你得到的是很多乱码，因为 requests 默认使用的字符编码不是 UTF-8：

```
>>> r.encoding
'ISO-8859-1'
```

只要把字符编码修改下即可：

```
>>> r.encoding = 'utf-8'
>>> r.json()
{'weatherinfo': {'city': '北京', 'cityid': '101010100', 'temp':
'27.9', 'WD': '南风', 'WS': '小于3级', 'SD': '28%', 'AP': '1002hPa', 'njd':
'暂无实况', 'WSE': '<3', 'time': '17:55', 'sm': '2.1', 'isRadar': '1',
'Radar': 'JC_RADAR_AZ9010_JB'}}
```

在 Web 客户端编程时需要注意，通常在浏览器地址栏上看到的 URL 是有参数的。URL 的参数跟在问号后面。例如，通过搜狗搜索 Python 的 URL 代码如下：

```
搜狗搜索域名/web?query=Python
```

搜索结果如图 11-1 所示。

图 11-1

在这个 URL 中，query=Python 是参数。在 Web 开发时，可以将搜狗搜索域名/web 对应成一个函数，而问号后面是传给函数的参数。为了更好地说明，我们编写一个简单的页面，这个页面中有一个文本框、一个按钮。在文本框中输入关键字，单击按钮，实现搜狗搜索：

```
[root@myvm untitled]# vim sogou.html
<!DOCTYPE html>
<html lang="en">
<head>
    <meta charset="UTF-8">
    <title>搜狗搜索</title>
</head>
<body>
<form action="搜狗搜索域名/web" method="get">
    <input type="text" name="query">
    <input type="submit" value="搜狗搜索">
</form>
</body>
</html>
```

通过浏览器打开它后，只要在文本框中输入关键字，单击【搜狗搜索】按钮，它就真的可以使用搜狗搜索了。

这里的关键部分是 form 表单，action 指定表单提交数据时要访问的 URL。method 指定使用的方法，HTTP 最常用的两个方法，一个是 GET，另一个是 POST，搜索引擎的 form 表单一般都采用 GET 方法。把 input 控件类型设置为 text，网页上对应出现的是文本框，name=query 相当于创建了变量 query，文本框中的内容就是 query 的值。input 控件类型设置为 submit，网页上对应出现的是按钮，单击按钮后，将会通过 GET 方法访问 action 指定的网址，同时携带 query 的值。

requests 通过 params 处理参数，获取搜狗搜索"Python"的页面：

```
>>> url = 'https://www.sogou.com/web'
>>> params = {'query': 'python'}
>>> r = requests.get(url, params=params)
>>> with open('/tmp/sogou.html', 'wb') as fobj:
...     for chunk in r.iter_content(1024):
...         fobj.write(chunk)
```

携带参数的 GET 方法应用十分广泛，只要你稍加留意，就可以得到很多惊喜。平时网购，我们经常查快递，看商品到哪了。你完全可以不借助其他工具，自己编写一个程序。快递查询的 API 如下：

```
http://www.kuaidi100.com/query?type=sssss&postid=nnnnn
```

type 指快递公司名称，postid 就是单号。对于各快递公司，申通的 type 值为 shentong，邮政 EMS 为 youzhengguonei，圆通为 yuantong，完整快递公司清单请自行通过搜索引擎搜索。

查询某一快递的过程如下：

```
>>> url = 'http://www.kuaidi100.com/query'
>>> kd = 'youzhengguonei'
>>> num = 'xxxxxxxxxxxx'    # 请填写你的快递单号
>>> r = requests.get(url, params={'type': kd, 'postid': num})
>>> r.json()
```

11.3.3　requests.post 方法

HTTP 的 POST 方法一般用于向指定资源提交数据进行处理请求。POST 提交的数据不会出现在 URL 中，提高了数据的安全性。GET 方法使用参数，POST 方法使用 data

传输数据给服务器。

互联网中有非常多的 POST 方法使用实例,我们找一个有意思的应用来演示,让我们编写一个聊天机器人。纯手工从零开始打造一个机器人并不容易,但是我们可以调用现成的机器人。首先,创建一个"图灵机器人"。登录账号后可以看见"创建机器人"的按钮,根据向导简单地回答几个问题就可以创建一个属于你的"图灵机器人",如图 11-2 和 11-3 所示。

图 11-2

图 11-3

在"图灵机器人"的配置信息里,主要需要把你的 apikey 记录下来。这个 apikey 属于你自己的私有的通行证,通过它可以调用机器人,因此注意保管,不要随意告诉别人,如图 11-4 所示。

图 11-4

调用机器人说话的数据结构，在网站中都有详细说明，最终代码如下：

```
[root@myvm untitled]# vim tuling_robot.py
import requests
import json

def tuling_reply(url, apikey, msg):
    data = {        # 这个是在帮助手册中直接复制过来的
        "reqType":0,
        "perception": {
            "inputText": {
                "text": msg
            },
            "selfInfo": {
                "location": {
                    "city": "北京",
                    "province": "北京",
                    "street": "天坛北门"
                }
            }
        },
        "userInfo": {
            "apiKey": apikey,       # 你注册的 apikey
            "userId": "anystr"      # 随便填点什么
        }
    }
    headers = {'content-type': 'application/json'}     # 必须是 JSON
    r = requests.post(url, headers=headers, data=json.dumps(data))
    return r.json()

if __name__ == '__main__':
    apikey = '填入机器人的 apikey'
    url = 'http://openapi.tuling123.com/openapi/api/v2'
    while True:
        msg = input('(输入 quit 结束)> ').strip()
        if not msg:
```

```
            continue
        if msg == 'quit':
            break
        reply = tuling_reply(url, apikey, msg)
        print(reply["results"][0]["values"]["text"])    # 可以直接打印reply
```

运行结果如下:

```
[root@myvm untitled]# python3 tuling_robot.py
(输入quit结束)> 今天天气怎么样
北京:周二 02 月 12 日 (实时: -3℃),小雪转多云 东风微风,最低气温-7 度,最高气温-3 度
(输入quit结束)> 吃了吗?
还没吃呢,你打算请吗
(输入quit结束)> 我请客,你出钱
掏钱多没意思,你直接发红包吧。
(输入quit结束)> quit
```

互联网中很多程序都提供了 API 接口,而这些 API 接口又往往通过 GET 或 POST 方法访问。从服务器得来的数据大部分又是 JSON 格式。记住这些用法,还有更多精彩内容等你发现。